Oliver Aust

JOHN DEERE TRAKTOREN im Einsatz

Die deutschen Baureihen 1960–2002

Verlag Podszun-Motorbücher GmbH
Elisabethstraße 23-25, D-59929 Brilon
Herstellung: LUC Medienhaus, Greven
Internet: www.podszun-verlag.de
Email: info@podszun-verlag.de
ISBN 978-3-86133-908-3

Oliver Aust

JOHN DEERE TRAKTOREN im Einsatz

Die deutschen Baureihen 1960–2002

PODSZUN

Liebe Leserin, lieber Leser,

Bei der Arbeit an diesem Buch war ich überrascht, wie viele verschiedene Traktoren das Werk in Deutschland verlassen haben. Die Ackerschlepper wurden mit den verschiedensten Ausstattungen versehen und das besondere Augenmerk wurde stets auf den Komfort für den Fahrer und die Sparsamkeit der Schlepper gelegt. Im Verkaufsrang lag John Deere in den Anfängen zumeist auf dem vierten Platz bei den Schlepperzulassungen. Den absoluten Durchbruch erreichte das Unternehmen 1992 mit der 6000er-Serie. Diese Traktoren stellten eine technische Revolution dar. Schlagworte für die neue 6000er-Baureihe waren SG2-Kabine und Rahmenbauweise, zudem ein neues ansprechendes Design. Durch diese Baureihe avancierte John Deere zur Nummer 1 der Traktorenhersteller in Deutschland.

Freuen sie sich auf eine Vielfalt an Bildern und technischen Daten der John Deere-Lanz Schlepper ab 1960 bis hin zur 6020er-Baureihe, die bis 2007 produziert wurde. Vergleichen sie die Schlepper und machen sie sich selbst ein Bild über die ungeheure Typenvielfalt des Unternehmens aus Mannheim.

Besonderer Dank gilt folgenden Personen, die mich mit Bildmaterial unterstützt haben: Daniel Hillebrand, Erwin Kreuter, Johannes Braun, Ursula Wittig, Max Willeke, Manuel Steinert, Philip Möller, Christoph Schneider, Detlef Möller, Hans Albers und Konrad Oesterhoff.

Ihr Oliver Aust

Inhaltsverzeichnis

DEERE & COMPANY UND DIE FIRMA HEINRICH LANZ AG MANNHEIM

Am 7. Februar 1804 wurde John Deere in Rutland, Vermont geboren. Er durchlief seine Jugend in Middlebury, wo er die Schule besuchte und anschließend eine vierjährige Lehre als Schmied begann. 1825 startete er eine Karriere als Facharbeiterschmied. Er galt schon zu dieser Zeit als besonders kunstfertig und scharfsinnig und gelangte schnell zu enormem Ruhm. Seine Kunststücke waren seinerzeit im höchsten Grade polierte Heugabeln und Schaufeln, die in Vermont stark nachgefragt wurden. Schlechte Geschäftsbedingungen veranlassten ihn 1830 allerdings zur Aufgabe seiner Tätigkeit in Vermont und der ehrgeizige Schmied beschloss, wie viele andere, mit etwas Bargeld und einem Bündel Werkzeug auf große Reise zu gehen. Sein Ziel war Illinois. Bereits kurz nach seiner Ankunft errichtete er dort eine Schmiede. Seine Arbeit bestand darin, Hufeisen herzustellen und Reparaturen für die Landwirte auszuführen. Hierbei erfuhr er von den Problemen, die die Landwirte mit dem Bewirtschaften des fruchtbaren Bodens des Mittelwestens hatten. Die Gusseisenpflüge, die aus dem Osten stammten, waren zwar für den sandigen Boden in Neu-England geeignet, aber nicht für den schweren Boden des Westens. Ständig war man gezwungen, an den Pflugunterseiten den Boden abzureiben, da er fest am Pflug kleben blieb. Das war eine zeitraubende und mühevolle Arbeit für die Landwirte dieser Zeit. John Deere beschäftigte sich nun intensiv mit diesem Problem und konstruierte aus dem Stahl eines defekten Sägeblatts einen neuartigen Pflug, perfekt poliert und geformt. Diese landwirtschaftliche Neuerung wurde auf dem Hof von Lewis Crandall 1837 erfolgreich getestet. Die Selbstreinigung des Pfluges funktionierte. John Deere fing im selben Jahr an, die Pflüge zu bauen, noch bevor er Aufträge eingefahren hatte. Doch er hatte mit vielen Schwierigkeiten zu kämpfen. Stahlknappheit und Transportschwierigkeiten waren nur zwei der Probleme dieser Zeit. Schließlich importierte er 1843 aus England einen speziell gerollten Stahl, der auf großen Umwegen über den Atlantik, den Mississippi herauf, durch Nebenflüsse und schließlich noch 40 Meilen mit Lastwagen ins Land transportiert werden musste. 1848 verlegte John Deere seinen Firmensitz von Grand Detour nach Moline, Illinois. Zu dieser Zeit stellte er bereits 1000 Pflüge pro Jahr her. Seinen Erfolg verdankte er seinen festen Prinzipien, der Qualität seiner Arbeit und dem hohen Standard, an dem die Firma John Deere bis heute festhält. 1868 wird das Unternehmen John Deere & Company als Aktiengesellschaft eingetragen.

Wie John Deere in Amerika gehört auch Heinrich Lanz in Europa zu den großen Pionieren des 19. Jahrhunderts. Das Gründungsjahr der Firma „Heinrich Lanz“ ist 1859. In diesem Jahr trat der Sohn von Johann Peter Lanz in die Firma ein und eröffnete eine Vermittlung für landwirtschaftliche Maschinen. Das Unternehmen bestand zu dieser Zeit hauptsächlich aus einer Spedition, einer Abteilung für Guano und einer weiteren Abteilung für Maschinenöle, Steinkohle und Sämereien. Heinrich Lanz war Importeur und unterhielt Beziehungen zu Schwann & Co in London. Die von dieser Firma importierten Maschinen verkaufte der Unternehmer zum Fabrikpreis. Der Gewinn errechnete sich seinerzeit nur aus dem Rabatt, der ihm als Großeinkäufer gewährt wurde. Durch kontinuierliche Werbung machte er die Landwirte auf die neuen wirtschaftlichen Maschinen aufmerksam.

1860 eröffnete Lanz eine Werkstatt mit zwei Mitarbeitern. Diese bekamen in England Schulungen, um die importierten Maschinen für die Landwirte reparieren zu können. 1864 errichtete er in Regensburg eine weitere Niederlassung mit Werkstatt

* 8. März 1838 — † 1. Februar 1905

* 7. Februar 1804 — † 17. Mai 1886

Die Firmengründer Heinrich Lanz und John Deere

John-Deere Werke Mannheim

und Ausstellungsraum. Bereits 1867 begann die Fabrikation von eigenen landwirtschaftlichen Maschinen. Mit der neuen patentierten Futterschneidmaschine, auch „Mannheimer Maschine“ genannt, die 1868 auf den Markt kam, wurde das Unternehmen bekannt. 1869 verkaufte Heinrich Lanz seinen ersten Dampfpflug zur Bearbeitung des Ackers. 1870 löste er sich vom väterlichen Betrieb und eröffnete die Heinrich Lanz & Co in Mannheim und Regensburg. Eine eigene Gießerei wurde 1873 eröffnet. Sechs Jahre später baute die Firma die erste Dampfdreschmaschine. Der Importeur Lanz wurde zum Exporteur und sein Absatzgebiet erweiterte sich von Jahr zu Jahr. Bereits 1885 lieferte Lanz die 1000ste Dampfmaschine aus.

1891 umfasste die Firma Lanz zwei Betriebe, der eine fertigte Dresch- und Schneidmaschinen in der Schwetzinger Vorstadt, der andere Dampfdreschmaschinen. Aufgrund des starken Wachstums der von Lanz verkaufte der Inhaber Gelände in der Schwetzinger Vorstadt und vergrößerte im Gegenzug am Lindenhof die Fabrik, um dort nun auch die Dreschmaschinen fertigen zu können.

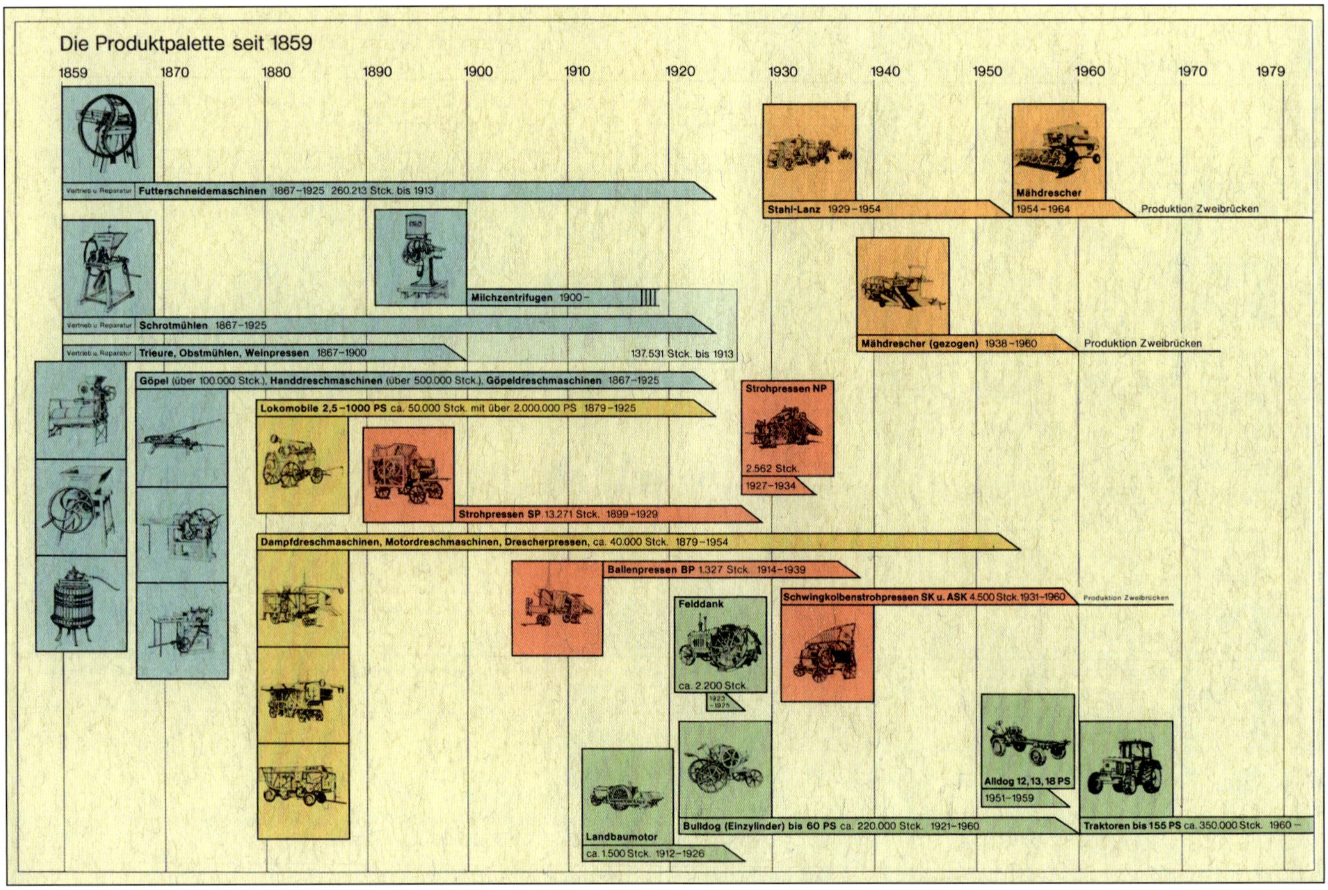

1899 begann die Produktion von Strohpressen. Nach dem Erwerb einer patentierten Pressenkonstruktion der Firma A. L. Tröster in Troisdorf war Lanz bestrebt, möglichst schnell eine brauchbare Maschine für den Markt zu entwickeln. Die erste Konstruktion dieser Maschine war jedoch ein Flop. Die zweite Konstruktion aus eigener Entwicklung lief dann schließlich.

1902 hatte Heinrich Lanz mittlerweile das Rentenalter erreicht, verfolgte aber weiter seine Pläne zur Verbesserung der Maschinen und Arbeitsmethoden. Da Amerika seinerzeit auf dem Sektor des Landmaschinenbaus wesentlich fortschrittlicher war, reiste der Unternehmer dort hin und lernte bei einem Besuch von John Deere Charles Deere kennen. Keiner der beiden Begründer ahnte etwas von der späteren Zusammenarbeit der beiden Firmen.

Weitere wichtige Eckdaten der Firma Lanz bis zur Übernahme durch Deere & Company:

- 1931: Die Heinrich Lanz AG in Mannheim erwirbt sämtliche Aktien der Lanz-Wery Werke in Zweibrücken
- 1931: Erste europäische Konstruktion eines Hackschleppers durch die Lanz AG. Als Vorbild des Schleppers dient der von John Deere konstruierte Drei-Rad-Schlepper
- 1936: Entwicklung des 55-PS-Eilbulldog
- 1839: Lanz stellt in Leipzig den Allzweck-Bauern-Bulldog vor
- 1939: Die Lanz AG ist die größte deutsche Landmaschinenfabrik
- 1942: der 100 000ste Bulldog läuft in Mannheim vom Band
- 1951: Lanz stellt auf der DLG-Ausstellung in Hamburg den Geräteträger „Alldog“ vor
- 1956: Produktion des 200 000sten Bulldog, im November gleichzeitiger Erwerb der Mehrheitsaktien der Firma Lanz durch die Deere & Company
- 1960: John Deere Lanz hat ab 1921 insgesamt 219 253 Bulldogs produziert. Der erste John Deere Traktor „made in Mannheim“ läuft vom Band
- 1967: Die John Deere-Lanz AG wird umbenannt in John Deere Werke Mannheim
- 1976: John Deere führt den mechanischen Frontantrieb (Mechanical Front Wheel Drive) MFWD ein.

17-PS-Lanz Bulldog D 1706

22-PS-Lanz Bulldog D 2206

- 1981: Inbetriebnahme des neuen Kabinenwerkes Bruchsal
- 1983: Betriebsbeginn im europäischen Ersatzteil-Vertriebszentrum Bruchsal
- 1984: Der 750 000ste Traktor verlässt das seit 125 Jahren bestehende Mannheimer Werk
- 1986: Die neue 50er-Baureihe kommt auf den Markt
- 1992: John Deere bringt die bis dato erfolgreichste Baureihe auf den Markt, die 6000er-Serie als völlige Neukonstruktion in Rahmenbauweise
- 2000: Das Firmenlogo, das seit Jahrzehnten bekannt ist, wird verändert. Der „springende Hirsch“ springt zum ersten mal nach oben, anstatt zu landen

Heute ist John Deere einer der größten Landmaschinenhersteller und beschäftigt rund 7000 Mitarbeiter. Diese Mitarbeiter sind auf drei Standorte im Land verteilt. In Mannheim laufen 60 Prozent der in Deutschland produzierten Traktoren vom Band. Das Werk in Zweibrücken ist für John Deere Feldhäcksler und -Mähdrescher zuständig, in Bruchsal werden Fahrerkabinen hergestellt und dort befindet sich zudem das europäische Ersatzteilzentrum und der Vertrieb. In Gummersbach in Nordrhein-Westfalen befindet sich ein weiterer Standort, an dem die Sabo- und John Deere Rasenmäher produziert werden. In Stadtlohn sitzt die Firma Kemper mit Erntevorsätzen.

JOHN DEERE-LANZ
100er-Serie

Wie bereits erwähnt, machte die Deere & Company 1956 einen wichtigen Schritt, um auf dem europäischen Markt Fuß zu fassen. Das Unternehmen erhielt die Aktienmehrheit an der in Mannheim ansässigen Firma Heinrich Lanz AG. Deere richtete den Schwerpunkt der Produktion in Mannheim zunächst auf leichtere Traktoren. Natürlich erhielten die Neuentwicklungen der 100er-Serie, auch 0er-Serie genannt, bereits die grün-gelbe Farbe des amerikanischen Unternehmens. Die Schlepper wurden zunächst auf Herz und Nieren getestet, bis Deere & Company 1960 in Mannheim die ersten Vierzylinder-Schlepper auf den Markt brachte. Den Anfang machten die beiden Typen 300 und 500. Die Schlepper wurden nach dem Baukastenprinzip konstruiert. Bei dieser Bauweise befindet sich der Motor auf Gummiblöcken, die Bodenunebenheiten und Erschütterungen gut ausgleichen können. Als Getriebe verwendete John Deere ein 10V/3R mit Klauenschaltung. Die Pendel-Rohr-Vorderachse mit Einzelrad-Doppelfederung ermöglichte dem Fahrer ein ermüdungsfreies und komfortables Arbeiten. Die kupplungsabhängige Regelhydraulik besaß vier Regelfunktionen (Zugwiederstandsregelung-, Misch-, Lageregelung und Schwimmstellung). Scheibenbremsen sorgten für die nötige Sicherheit. Zudem besaßen die Schlepper drei Getriebe- bzw. Motorzapfwellen und einen erheblichen Fahrkomfort. Während die beiden Typen 300 und 500 von 1960 an ausgeliefert wurden, brachte Mannheim den Typ 700 als Flaggschiff der Serie erst 1963 auf den Markt. Die Produktion dieser Schlepper endete aber gemeinschaftlich im Jahr 1965. Die bereits weiterentwickelten Schlepper JDL 100 und 200 wurden ab 1961 bzw. ab 1966 auf dem Markt eingeführt. Ebenfalls 1962 ergänzte John Deere-Lanz die Produktpalette mit dem Flaggschiff der Serie, dem John Deere 3010, der mit 65 PS Leistung das Programm nach oben abrundete.

Prospektabbildungen der John Deere-Lanz-Traktoren 500, 300 und 100

John Deere Lanz 300

Der John Deere 300 war seinerzeit der erste in Deutschland gefertigte Schlepper des in Amerika ansässigen Unternehmens. Er wurde speziell für den europäischen Markt produziert. Sein Motor bestand aus einem Vierzylinder-Diesel mit einer Zweikreis-Wasserkühlung. Das Herz des Schleppers erbrachte eine Leistung von 28 PS. Für die Sicherheit sorgten bei Fußbetätigung Doppelscheiben-Lenkbremsen und als Handbremse verwendete man hier eine Scheibenbremse. Für den Einsatz auf dem Feld standen dem Fahrer zehn Vorwärts- und drei Rückwärtsgänge zur Verfügung. Das Leergewicht des Schleppers betrug 1770 kg. Als Bereifung wählte man vorne 6.00-16 AS und hinten 10-28 AS. Besonders der deutlich verbesserte Fahrkomfort gegenüber anderen Traktoren und sein

Mit Ladewagen im Allgäu unterwegs: John Deere-Lanz 300

John Deere-Lanz 300 mit Mähwerk

John Deere-Lanz 300, Baujahr 1961, mit Riemenscheibe

modernes Äußeres machten den Schlepper zu einem interessanten Neuzugang am Markt. 1963 wurde die Leistung des John Deere-Lanz 300 von 28 auf 30 PS gesteigert. Bereits 1964 wurde die Produktion eingestellt.

John Deere-Lanz 500

Mit dem John Deere 500, der parallel zum 300 produziert wurde, erweiterte John Deere das Traktorenprogramm nach oben. Der John Deere 500, ebenfalls ein Vierzylinder-Schlepper, leistete 36 PS bei 2400 U/min. Der Hubraum betrug 2367 cm³. Bremsen, Frontzapfwelle und zwei Motorzapfwellen waren bei beiden Schleppern identisch. Das Eigengewicht des John Deere 500 betrug 1830 kg. Er besaß eine Länge von 3325 mm, eine Breite von 1525 mm und eine Höhe von 1550 mm. John Deere brachte mit diesem Schlepper viel serienmäßige Ausstattung, die bei anderen Herstellern nur auf Wunsch erhältlich war. Besonders komfortabel war bei den größeren Schleppern aber der Polstersitz mit gefederter Rückenstütze, der sich auf die jeweiligen Fahrer einstellen ließ. Mit so viel moderner Technik konnten die guten alten Lanz Bulldogs nicht mehr mithalten. Auch der John Deere 500 erfuhr wie bereits der John Deere-Lanz 300 1963 nochmals eine Leistungssteigerung um 2 PS auf 38 PS. Kurz vor Ende der Produktion des John Deere-Lanz 500 kam noch eine weitere Neuerung. Auf Wunsch lieferte John Deere den Schlepper mit einem Schnellganggetriebe.

John Deere Lanz 100

1962 kam der John Deere-Lanz 100 auf den Markt. Der Schlepper war speziell auf die Bedürfnisse der kleinen Landwirtschaft ausgerichtet. Er wurde, wie die anderen Traktoren dieser Serie, in Halbrahmenbauweise gefertigt. Sein Zweizylinder-Motor, der auch bei Kälte als startfreudig gepriesen wurde, leistete 18 PS bei 2500 U/min mit einem Hubraum von 1183 cm³. Mit dieser Leistung reihte sich der Schlepper in der Serie ganz unten ein, wobei er schon weitere technische Neuerungen vorweisen konnte. Mit einem Eigengewicht von 1300 kg erreichte der JDL 100 eine Geschwindigkeit von 20 km/h. Ab 1963 stattete John Deere den Schlepper mit einer Regelhydraulik aus. Das neue Getriebe, ein Schubrad-Schaltgetriebe, arbeitete jetzt mit sechs Vorwärtsgängen und einem Rückwärtsgang mit Differentialsperre. Das Tankvolumen des Schleppers betrug 30 l. Zu den Sonderausrüstungen für den John Deere-Lanz gehörten seinerzeit eine Motorzapfwelle und eine Riemenscheibe. Zusatzausrüstungen waren eine verlängerte Ackerschiene, Zugpendel, Beifahrersitz rechts, das dazugehörige Sitzkissen und Zusatzgewichte für vorne und hinten. Des Weiteren bot John Deere noch die Möglichkeit, den Schlepper mit einem Verdeck auszurüsten.

John Deere-Lanz 700

1963 erweiterte der John Deere Lanz 700 die Produktpalette erfolgreich nach oben. Speziell auf die Bedürfnisse der Lohnunternehmer abgestimmt, leistete dieser Schlepper 50 PS bei 2400 U/min. Der Vierzylinder-Viertakt-Motor besaß nun einen Hubraum von 2705 cm³. Der schwere Schlepper brachte einige Neuerungen mit. So verbaute John Deere bei dem 700 eine hydraulische Lenkung, die den Landwirten und Lohnunternehmern deutliche Erleichterung beim Rangieren brachte. Optional bot das Unternehmen für den John Deere-Lanz auch einen Frontlader an. Besonders von Vorteil war die serienmäßig verbaute ausziehbare Vorderachse für verschiedene Spurweiten. Zehn Vorwärts- und drei Rückwärtsgänge mit einer maximalen Geschwindigkeit von 30 km/h standen dem John Deere 700 bei verschiedensten Einsatzmöglichkeiten zur Verfügung.

Die Geschichte eines John Deere-Lanz 500

Die Idee, einen John Deere-Lanz 500 zu restaurieren, spukte mir schon lange im Kopf herum und wurde zur Realität, als ich im Bauernblatt eine Anzeige las, in dem ein 500er für damals 300 DM angeboten wurde. Der Kauf war perfekt, als ich mich mit dem Besitzer auf 200 DM einigte. Ich wollte unbedingt einen 500er, da dieser Schlepper der Erste war, der damals auf unserem Hof lief und mit dem ich groß geworden bin. Na ja, gesagt getan, der Schlepper kam auf unseren Hof. Dort holte mich sehr schnell die Realität ein, verrostet war gar kein Ausdruck für das, was jetzt zum Vorschein kam, aber da musste ich nun durch. Beim Verkauf wurde versichert, dass der Motor bis zum Schluss gelaufen wäre, aber tut er das nicht immer…? Da der Schlepper seit drei Jahren draußen gestanden hatte und nie bewegt wurde, sprang er natürlich auch nicht an. Also erst einmal Ölwechsel, Diesel, Filter, Wasser usw. Dann der große Augenblick, der Start mit neuer Batterie. Vorglühen, noch mal vorglühen und dann – gar nichts! Die Enttäuschung war groß, der Motor fest. Der Anlasser schaffte es nicht. Der nächste Versuch, anschleppen, aber ganz langsam, der Motor drehte durch, na also. Also wieder vorglühen, noch mal vorglühen und der Motor lief – nach drei Jahren Standzeit! Das Problem war allerdings die Einspritzpumpe. Der Auspuff räucherte schwarz ohne Ende und der Motor drehte immer höher. An Ausschalten war nicht zu denken (ging nicht, reagierte überhaupt nicht am Ausschaltgestänge der Pumpe). Zum Glück gab es bei dem 500er noch den

guten alten Kraftstoffabsperrhahn, den ich mit letzter Kraft betätigen konnte (überall Qualm, ohne Sauerstoffmaske). Die Rettung des Motors stand kurz bevor und es klappte. Dem Motor, der mittlerweile bei seiner Höchstdrehzahl angekommen war, ging die Puste aus. Das war meine und seine Rettung. Beim Suchen der Ursache fand ich heraus, dass die Fliehkraftgewichte der Bosch-Einspritzpumpe im Lauf der Jahre festgerostet waren. Diesen Fehler behob ich und der Motor lief. Das war schon einmal die halbe Miete.

Jetzt ging es an die Blechteile. Mein Gott, was hab ich mir da nur gekauft… Dieser Satz ging mir mehr als einmal durch den Kopf. Und wenn es nur das gewesen wäre. Natürlich musste man sich dann noch einiges anhören, wie zum Beispiel: „Was, da hast du noch Geld für bezahlt" oder „Ich glaub, für Kernschrott bezahlen die schon wieder". Es sei an dieser Stelle gesagt, als das Endergebnis stand, verstummten diese Stimmen.

Als erstes wurde der Schlepper komplett auseinander genommen, alles was Schrauben hatte, und das war so ziemlich alles. Einiges war dann sogar so verrostet, dass es nicht mehr zu restaurieren war, bzw. es stand nicht im Verhältnis zum Arbeitsaufwand. Also begann ich Teile zu suchen. Um es kurz zu machen, es war preiswerter einen „Schlachtschlepper" zu bekommen, als Ersatzteile für diesen Typ. Und so erwarb ich einen Schlepper mit Motorschaden. Das war im Übrigen bei diesen Scheppern der häufigste Grund, weshalb er verkauft wurde. Immer die gleiche Ursache: Wasser im Öl. Die Laufbuchsen waren durchgerostet, „galvanische Ströme", sagte man mir, nennt man das.

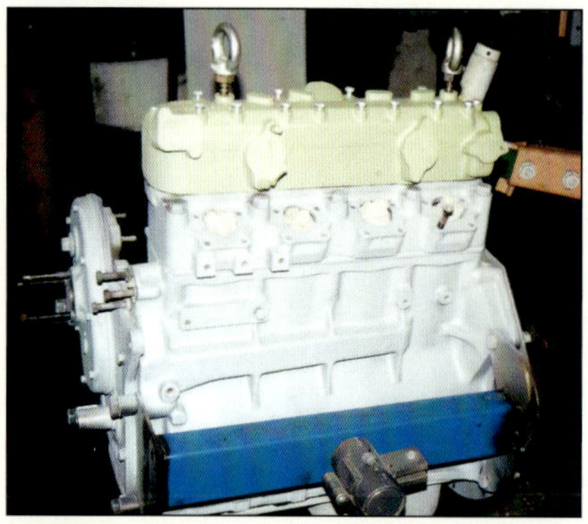

Und so baute ich aus zwei Schleppern einen „guten“ zusammen. Dieses dauerte etwa (mit kleinen Unterbrechungen, wo ich nichts mehr hören und sehen wollte vom Schlepper) 2,5 Jahre. Der Lack wurde abgebeizt, anschließend wurde alles abgebürstet (mit Drahtigel), bis es blank war. Der Frontgrill war natürlich überall verbogen und weggerostet. Dieser wurde auch originalgetreu nachgearbeitet. Ich habe großen Wert auf Originalität gelegt und die ist mir auch, bis auf die Hinterräder und die Haubenschriftzüge (die sind vom 510) gelungen. Also, falls jemand noch Verstellfelgen oder Haubenschriftzüge für den 500er hat, bin ich sehr interessiert.

Dann begann ich die Hydraulik zu überholen (neue O-Ringe, Dichtungen, Filter, Öl, Simmeringe etc.). Nach, ich weiß wirklich nicht mehr, wie vielen Arbeitsstunden, etwa einem Jahr, ging es an das Grundieren des Rahmens. Ich hatte gedacht, ich hätte die Hauptarbeit geschafft, aber es war alles Hauptarbeit. Ein Freund von mir hat eine Lackiererei und da wurde mir natürlich eine Menge Arbeit abgenommen. So war der Rahmen schon einmal zum Grundieren und Lackieren weg.

Jetzt kamen die Anbauteile. Vordere Kotflügel schleifen, richten, dengeln. Aus den hinteren Kotflügeln hatte ich aus vier, die ja jetzt durch den zweiten Schlepper zur Verfügung standen, zwei gemacht. Aber bei zwei Kotflügeln waren Blinker drin, beim anderen Hauptscheinwerfer, also kurz gesagt, mal wieder Arbeit genug. Aber auch das haben wir gepackt. Die Zeit bringt es eben.

Dann habe ich einen Motorständer gebaut, um den Motor gut händeln zu können, frei nach dem Motto: „den kann man

ja immer mal brauchen". Wahrscheinlich werde ich den nie wieder brauchen. Der Motor wurde auch, als er blank geschliffen war, wieder grundiert. Der Motor, das sei hier auch erwähnt, wurde nicht überholt. Die Hinterradfelgen inklusive Reifen wurden von mir durch Zufall auf dem Schrott entdeckt. Ich habe sie für zusammen 30 DM bekommen, Schrottwert eben. Dafür muss man sie einfach nehmen, auch wenn es, wie bereits erwähnt, keine Originale waren. Die Felgen sind zwar von einem John Deere-Lanz, aber ich glaube eher von einem Mähdrescher (14.9-26). Deshalb auch die etwas porösen Reifen. Aber es passte alles und ist auch alles eingetragen worden.

Alle Felgen und Trittbleche (rechte Seite neu angefertigt) wurden sandgestrahlt. Die ausziehbare Vorderachse habe ich neu ausgebuchst. Der Sitz wurde in der Originalfarbe neu ausgepolstert. Das Haubenemblem habe ich selbst gefertigt. Das war einfach nicht zu bekommen. Der Zapfwellenschutz und die Spritzbleche der hinteren Kotflügel sind ebenfalls selbst gefertigt.

Als alle Anbauteile soweit vorgearbeitet waren, gingen sie auch in die Lackiererei. Natürlich wurde alles in Originalgelb und -grün lackiert und das in mehreren Schichten. Nachdem alle Einzelteile lackiert waren, ging es wieder ans Zusammenbauen. Darauf möchte ich aber jetzt nicht mehr genauer eingehen, nur soviel, wer so etwas schon einmal gemacht hat und zwischen Auseinander- und Zusammenbauen viel Zeit hat verstreichen lassen, vergisst doch schon mal einiges. „Wie und wo kam das noch dran" und „war das überhaupt da?" und so weiter und so weiter. Na ja, lange Rede kurzer Sinn: Ich habe alles (fast) wieder so hinbekommen, wie es sein soll.

Zum Schluss kam dann noch die Elektrik. Originalscheinwerfer waren zum Glück noch vorhanden. Die Originalrückleuchten habe ich auch noch mit ein paar Telefonaten hier und da erstanden. Die Blinker habe ich aus dem Motorradzubehörshop. Original saß ein Blinker auf dem Hinterradkotflügel, da der Schlepper Baujahr 1962 ist. Das ist heute laut Tüv nicht mehr erlaubt, deshalb zwei Blinker. 1963 wurde dieses geändert und zwar so, dass jeweils ein Blinker da saß, wo jetzt bei mir der Scheinwerfer sitzt (die Scheinwerfer wanderten dann nach vorn, seitlich vom Grill) und die hinteren Blinker waren integriert in die Rückleuchten. Neue Kabel wurden hier und da gezogen, das Gewusel unterm Armaturenbrett wurde ein wenig geordnet, die Leitungen zu den Rückleuchten wurden neu verlegt, und so weiter.

Und dann war der große Augenblick gekommen (noch ein paar Lackschäden ausbessern vom Zusammenbauen, das bleibt nicht aus). Rechtzeitig vor dem Lanz-Bulldog-Treffen 2003 in Brockstedt war ich fertig (genau genommen habe ich die Kfz-Kennzeichen erst fünf Minuten vor der Abfahrt nach Brockstedt angeschraubt). Die etwa 30 km/h Testphase auf eigener Achse begann. Vormittags losgefahren, nachmittags angekommen, ohne Schwierigkeiten und Probleme. Ein John Deere-Lanz eben …

Gruß
Detlef Möller

John Deere-Lanz 200

Für den John Deere-Lanz 100, dessen Produktion das Unternehmen 1966 beendete, sollte der John Deere 200 im gleichen Jahr das Produktangebot halten. Auf der DLG-Schau stellte das Unternehmen den 200er erstmals vor. Der Schlepper war mit einem wassergekühlten Zweizylinder-Viertakt-Dieselmotor mit 25 PS Leistung ausgerüstet. Das Gruppenschaltgetriebe besaß sechs Vorwärts- und zwei Rückwärtsgänge, Höchstgeschwindigkeit 20 km/h. Für verschiedenste Einsätze lieferte das Unternehmen den JDL auch mit Mähwerk für den Einsatz im Grünland aus. Weiterhin war auf Wunsch die neue Regelhydraulik für den John Deere Lanz 200 verfügbar. 1968 beendete man die Produktion des Schleppers. Eine völlig neue Baureihe wurde dem europäischen Markt zugeführt und ersetzte die bis dahin produzierte 0er-Serie von John Deere-Lanz.

John Deere 3010

Um auf dem europäischen Markt weiterhin erfolgreich bleiben zu können, entwickelte John Deere 1962, parallel zur Produktion der 100er-Reihe in Deutschland, in den USA den John Deere 3010, der in Einzelteilen nach Mannheim geliefert und dort montiert wurde. John Deere unternahm diesen Schritt, da durch landwirtschaftliche Großbetriebe die Nachfrage nach Traktoren mit mehr Leistung stieg. So wollte man auf dem Markt konkurrenzfähig bleiben. Mit einem Vierzylinder-Dieselmotor mit 4,2 l Hubraum leistete der John Deere 3010 stolze 65 PS bei 2500 U/min. Er war mit drei Motorzapfwellen und einem Vollsynchrongetriebe mit wahlweise sieben oder acht Vorwärts- und drei Rückwärtsgängen ausgestattet. Sein Leergewicht betrug 3160 kg. Der in Blockbauweise konstruierte Schlepper besaß weiterhin die bereits bekannte Pendelrohr-Achse, allerdings nun in der ausziehbaren Version. Neu bei diesem Schlepper war auch die hydraulische Lenkung. Die Modelle aus der 0er-Serie waren mit der wesentlich wartungsintensiveren und schwergängigeren Spindellenkung ausgerüstet. Mit einer Höchstgeschwindigkeit von 32 km/h erfüllte der Schlepper die Ansprüche an die Kundschaft und auch der voluminöse Tank mit 110 l Inhalt sorgte für effektives Arbei-

John Deere-Lanz Schlepper Typ 100 bei der Heubergung mit dem Kombi-Lader SL 160

John Deere-Lanz Schlepper Typ 100 bei der Heubergung mit derNiederdruckpresse F 80

John Deere 100, Baujahr 1950, Fahrgestellnummer 15206, mit angehängtem John Deere RM 100 Pflug, Baujahr 1963

Mit Mähbalken und Wetterdach ist dieser Lanz 700 gut ausgerüstet

Baujahr 1966 ist dieser John Deere-Lanz 200 mit Wetterdach. Er befindet sich seit 1976 in Familienbesitz

ten auf dem Feld. Für die Sicherheit sorgten motorhydraulische Scheiben-Fußbremsen. Als Bereifung wählte man vorne 6.50-16 und hinten 11-38. Auf Wunsch war der Schlepper aber auch mit anderen Bereifungen erhältlich. 1964 endete die Montage des Hinterradschleppers in Mannheim mit nur etwa 140 verkauften Exemplaren und die neue 10er-Serie wurde auf dem Markt eingeführt.

Der John Deere-Lanz 200 wird ab 1966 produziert, erhält als Markenzeichen den Hirsch und wird kurz vor Produktionsende als John Deere 200 verkauft

JOHN DEERE-LANZ
10er-Serie

Mit der 10er-Reihe brachten die Mannheimer 1964 Schlepper auf den Markt, die in moderner Blockbauweise gefertigt wurden und sich dadurch als wesentlich robuster erwiesen. Zu den ersten Schleppern der neuen Baureihe gehörten die John Deere 310, 510 und der 710. Die wesentlichen Änderungen im Vergleich zu den Vorgängermodellen lagen vor allem in der gesteigerten Motorleistung der beiden Dreizylinder-Modelle. Die Traktoren besaßen einen vollkommen neuen Motor mit Verteilereinspritzpumpen und Bleistiftdüsen. Eine weitere Neuheit war die Hochradvariante, die bei den drei Modellen angeboten wurde. Die Hochradversion war besonders für Landwirte geeignet, die Arbeiten in Reihenkulturen, wie bei Rüben, Kartoffeln und Mais, ausführen mussten. Die großen Räder zogen mehr als kleine und bei Gegenden mit schweren Böden war seinerzeit der Hochradschlepper die bessere Wahl. Eine hohe Bodenfreiheit und ein längerer Radstand ermöglichten bei den Modellen 310, 510 und 710 nun auch das Anbringen von Zusatzgeräten. Die neuen Modelle ersetzten die bis dahin produzierten John Deere Traktoren 300, 500 und 700. Im Jahr 1965 wurden insgesamt 8571 Schlepper aus Mannheim verkauft. Nur 26 Prozent dieser Traktoren wurden ins Ausland exportiert, also wurde der größte Teil ausschließlich in Deutschland verkauft.

John Deere-Lanz 310

Der John Deere 310, der ab 1964 produziert wurde, bezog seine Motorleistung von 32 PS aus einem Dreizylinder-Viertakt-Dieselmotor. Der Hubraum betrug 2490 cm^3. Das Getriebe bestand aus zehn Vorwärts- und drei Rückwärtsgängen. Die Höchstgeschwindigkeit betrug in der Standardausführung 20 km/h. Der Schlepper war zur damaligen Zeit aber optional auch mit 27-km/h-Schnellgetriebe und in der bereits erwähnten Hochradvariante erhältlich. Das Leergewicht wurde mit 2130 kg angegeben, der Radstand maß 2072 mm. Das zulässige Gesamtgewicht betrug 3100 kg, das Leergewicht 2100 kg. Bereifung 6.00-16 AS vorne und 10-28 AS hinten.

John Deere-Lanz 510

Ein weiterer Dreizylinder-Schlepper, der JDL 510, der den bis dahin produzierten JDL 500 ersetzte, kam zeitgleich mit seinem kleineren Bruder, dem John Deere-Lanz 310, auf den Markt. Mit einer Leistung von 40 PS und 2400 U/min war auch dieser Hinterradschlepper mit 20- und 27-km/h-Getriebe erhältlich. Der Motor vom Typ 152 D 25 L arbeitete mit Direkteinspritzung und besaß eine Kaltstart-Anlage. Der bereits bekannte Kraftheber mit Regelhydraulik erleichterte die Arbeiten auf dem Feld. John Deere verbesserte den Komfort

John Deere-Lanz 310 mit Frontschwinge in der Heuernte

Schwer beladen ist dieser John Deere 310 im Allgäu unterwegs

John Deere 310 mit Wetterschutzdach und Mähbalken

des 510 durch einen neuen Schleppersitz mit Arm- und Rückenlehne. Als Bereifung lieferte das Unternehmen für die Hochradversion vorne 6.00-16 AS und hinten 9-36 AS. Optional standen mehrere Bereifungsvarianten für den Schlepper in der Standard- oder H-Variante zur Verfügung. Aber auch Zusatzausrüstungen wie ein Frontlader oder ein Wetterdach waren bereits ab Werk gegen einen entsprechenden Aufpreis möglich. 1968 lief der letzte John Deere-Lanz 510 in Mannheim vom Band.

John Deere-Lanz 710

Um in den 1960er-Jahren dem Ruf nach stärkeren Schleppern Folge zu leisten, brachte das Unternehmen 1965 als Nachfolger des JDL 700 den John Deere-Lanz 710 auf den Markt. Damit rundete Mannheim die 10er-Serie nach oben ab. Der wassergekühlte Vierzylinder-Viertakt-Dieselmotor mit Direkteinspritzung und 3,3 l Hubraum leistete 50 PS bei 2400 U/min. Der Schlepper wurde als Hinterradschlepper mit verschiedensten Bereifungen geliefert. Vorne standen 7.50/6.50-16 und 6.00-

Sonntagsausflug mit einem John Deere-Lanz 310

Vom John Deere-Lanz 310 wurden etwa 8621 Einheiten verkauft

Gut ausgestattet ist dieser John Deere-Lanz 310 mit der Baas-Schwinge

John Deere-Lanz 510, produziert von 1964 bis 1969 in Blockbauweise. Dieser Schlepper ist mit einem Fritzmeier-Verdeck ausgerüstet

John Deere-Lanz 710 bei Pflugarbeiten. Der Schlepper besitzt eine Baas-Schwinge und ist mit einem Scirocco-Verdeck ausgestattet

20 zur Verfügung und hinten 11-36, 11-32, 13-30 und 14-30. Der JD 710 besaß eine Länge von 3530 mm und eine Breite von 1540 mm. Der Radstand betrug 2200 mm. Das Getriebe arbeitete mit zehn Vorwärts- und drei Rückwärtsgängen. Die Geschwindigkeit wurde mit 20 km/h angegeben, optional war aber auch eine Schnellgangversion mit 27 km/h erhältlich. Das zulässige Gesamtgewicht betrug 3500 kg. Mit einem Wendekreis von 6,5 m war der JDL 710 noch relativ unflexibel, was sich aber bei den Nachfolgern schon bald ändern sollte. Nach zwei Produktionsjahren endete die Ära des John Deere-Lanz 710.

John Deere-Lanz 710 mit Mähbalken, das Flaggschiff der 10er-Serie mit 50 PS

Vom John Deere-Lanz 710 wurden über 6900 Exemplare produziert

JOHN DEERE
20er-Serie

Damit auch die Bedürfnisse großer landwirtschaftlicher Betriebe erfüllt werden konnten, schloss John Deere in Mannheim die Lücke in der „Oberklasse" 1964 zunächst mit dem Vierzylinder-Modell JD 3020 und im Jahr 1965 mit dem JD 4020. Die beiden amerikanischen Schlepper wurden wie bereits der John Deere 3010 lediglich in Mannheim montiert. Bis 1970 bzw. 1972 blieben die beiden Traktoren im Programm des Unternehmens.

Mit dem Start der „neuen" 20er-Serie im Jahr 1967 war die Bezeichnung „Lanz" auf der Haube endgültig Geschichte. Das Unternehmen stellte den in- und ausländischen Händlern eine völlig neue Traktorenserie vor. Mit der Einführung der neuen Baureihe wurde nun ausschließlich auf Bestellung produziert. Das Werk wurde seinerzeit komplett umgebaut. Eine neue Gießerei galt als die modernste in Europa. Vollautomatische Transferstraßen sorgten für die Bearbeitung von Getriebe- und Kupplungsgehäusen, Hydraulikblöcken und vielem mehr. Die Traktorenendmontage wurde mit einem neuen Plattenband ausgestattet. Von 1956 bis 1967 investierte das Unternehmen für die Modernisierung der Fertigungsanlagen in Mannheim 150 Millionen DM.

Die neue in Mannheim produzierte 20er-Baureihe beinhaltete die Dreizylinder-Typen JD 820, 920, 1020 und 1120, die Vierzylinder-Schlepper 2020 und 2120 und den leistungsstärksten Sechszylinder-Traktor JD 3120. Die Leistung der Schlepper lag zwischen 32 bis 81 PS.

John Deere 3020

1964 wurde der Nachfolger des John Deere 3010 vorgestellt. Der 3020 war mit einem Vierzylinder Dieselmotor mit Direkteinspritzung ausgestattet und erbrachte bei einem Hubraum von 4,4 l nun leistungsstarke 75 PS. Wie bereits beim Vorgänger, erfolgte zwar in Mannheim die Endmontage des 3010, aber die Komponenten wurden weiterhin in Einzelteilen aus Amerika importiert. Eine besondere Eigenschaft des Schleppers war, und darauf legte John Deere in dieser Zeit Wert, der Komfort für den Fahrer. Dazu gehörten der gefederte und gepolsterte Sessel, die hydraulische Lenkung, die gut sichtbare Instrumententafel und die einfache Bedienung des Schleppers. Wie bereits vom Vorgänger bekannt, wurde auch bei diesem Schlepper eine hydraulische Lenkung verbaut. Der 3020 besaß hydraulische Fußbremsen und eine mechanische Handbremse. Die Höchstgeschwindigkeit wurde mit 32,5 km/h angegeben. Das Standard-Gruppenschaltgetriebe beinhaltete acht Vorwärts- und zwei Rückwärtsgänge. Die Spurweite des Schleppers war verstellbar. Der John Deere 3020 besaß ein Leergewicht von 3515 kg und der Kraftstofftank bot mit 110 l ausreichend Reserven. Als Bereifung lieferte John Deere vorne 7.50-16 (6-ply) und hinten 15-30 (6-ply). Das Angebot an Sonderausrüstungen für den 3020 bestand aus einem hydraulischen Hubzylinder für Anhängegeräte, einem Frontlader, einer Riemenscheibe, Gerätescheinwerfern, einem Verdeck und Zusatzgewichten. Der 3020 wurde ausschließlich als Hinterradversion geliefert.

John Deere 4020

Mit dem John Deere 4020, der ab 1965 produziert wurde und den John Deere 4010 ersetzte, erweiterte man die 20er-Serie nach oben. Der Schlepper besaß einen Sechszylinder-Viertakt-Dieselmotor mit einem Hubraum von 6637cm^3. Mit der Leistung von 100 PS war dieser Traktor seinerzeit die optimale Wahl für Lohnunternehmer und Großlandwirte. Sein Gruppenschaltgetriebe bestand aus acht Vorwärts- und zwei Rückwärtsgängen. Eine enorme Erleichterung bot bei diesem Schlepper das neue Power-Getriebe, das

John Deere-Schlepper 3020 mit 78/82 PS

Wartet auf seinen Einsatz: John Deere 3020

John Deere-Schlepper 4020 mit 100/106 PS

ein Schalten ohne Kuppeln ermöglichte. Der JD 4020 kam auf 3830 kg Leergewicht und erreichte 32,2 km/h Höchstgeschwindigkeit. Für effektives Arbeiten auf dem Feld sorgte der 128-l-Tank. Ein weiterer Vorteil war bei dem Flaggschiff die enorme Bodenfreiheit von 590 mm. Der in Blockrahmenbauweise gefertigte 4020 wurde bis 1972 in Mannheim montiert. Zur damaligen Zeit kostete er knapp über 30 000 DM zuzüglich der optionalen Ausstattungen, wie zum Beispiel dem Frontlader. Beim 4020 wurde seinerzeit auf Wunsch auch ein Power-Shift-Getriebe angeboten, zusätzlich zu den bereits bekannten Wahlausrüstungen vom John Deere 3020. Die Produktion des JD 4020 endete 1972.

John Deere 820

Mit dem John Deere 820 deckte das Unternehmen die Bedürfnisse der Kleinbauern ab. Der Dreizylinder-Schlepper mit 32 PS wurde 1967 vorgestellt. Er hatte acht Vorwärts- und vier Rückwärtsgänge und war mit einem Muffengetriebe und Differentialsperre ausgestattet. Für Sicherheit sorgten eine hydraulische Scheibenbremse und eine mechanische Bandbremse. Das Leergewicht wurde mit 1850 kg, die Höchstgeschwindigkeit mit 32 PS angegeben. Ab 1968 erfuhr der Schlepper eine Leistungssteigerung auf 35 PS. Mit einem Grundpreis von knapp über 10 000 DM war der 820 der ideale Schlepper für die kleinbäuerlichen Betriebe und für größere Höfe als Zweitschlepper geeignet.

John Deere 920

Ebenfalls im Jahr 1967 produzierte John Deere mit dem 920 einen weiteren Schlepper aus der 20er-Serie, der sich im unteren Leistungssegment ansiedelte. Der Dreizylinder-Motor leistete 37 PS bei 2300 U/min. Die Ausstattung war identisch mit dem kleineren JD 820. Mit einem Leergewicht von 1975 kg war er allerdings etwas schwerer. Als Standardbereifung wählte das Unternehmen für den JD 920 vorne 6.00-16 und hinten 9-36. Spurverstellfelgen gehörten ebenfalls zur serienmäßigen Ausstattung. Als Zusatzausrüstung bot Mannheim eine Fahrerkabine oder ein Verdeck, ein Mähwerk, einen Frontlader usw. an. Anfang der 1970er-Jahre erhöhte John Deere die Leistung um weitere vier Pferdestärken auf 41 PS. 1974 endete die Produktion des Traktors.

John Deere 1020

1967 erweiterte John Deere die bis dahin erfolgreiche 20er-Serie mit dem John Deere 1020, der nochmals eine gesteigerte Leistung zeigte und sich mit dem Dreizylinder-Motor mit 44 PS im mittleren Leistungsbereich der Baureihe ansiedelte. Der Hinterradschlepper wurde sowohl in Deutschland als auch in Amerika produziert. Zudem entwickelte John Deere von diesem Typ auch die Variante 1020 VU als Schmalspurtraktor für den Weinbau und die Variante OU für den Einsatz im Obstbau. Die wesentlichen technischen Details sind weiterhin identisch mit den beiden kleineren Modellen 820 und 920. Der John Deere 1020 war für viele Betriebe der damaligen Zeit die optimale Wahl,

Am Bodensee ist dieser John Deere 820 mit 32 PS Leistung zu Hause

Originalzustand: John Deere 820 mit Überrollbügel

In einem guten Originalzustand befindet sich der John Deere 920, der für die Heuernte eingesetzt wird. Seine Leistung: 37 PS

John Deere 920 mit Fritzmeier-Verdeck

sowohl in der Leistung als auch in der Vielseitigkeit. John Deere verkaufte bis 1974 über 15 000 Einheiten.

John Deere 1120

Das Interesse an stärkeren Traktoren war nach wie vor ungebrochen. Mannheim ergänzte 1967 mit einem weiteren Dreizylinder-Schlepper die Serie. Der John Deere 1120 war die optimale Wahl für mittlere Unternehmen und Großbetriebe. Der Schlepper leistete bei 2500 U/min 49 PS. Die Höchstgeschwindigkeit wurde mit 25 km/h angegeben. Die Spurweiten konnten je nach Arbeitseinsatz variieren. Als Getriebe kam ein 8V/4R zum Einsatz, das beim JD 1120 ab den 1970er-Jahren auch als Leichtschaltgetriebe mit 16V/8R optional erhältlich war. Die Produktion des Schleppers wurde 1974 beendet.

John Deere 2020

1967 stellten die inzwischen umbenannten „John Deere Werke Mannheim“ im obe-

John Deere 1020 wartet auf seinen Einsatz in der Grasernte

John Deere Notizen 1971/1972

Bereits im Juni 1971 gaben Fiat S.p.A Turin Italien und die Deere Company, Moline, Illinois/USA den Abschluss einer Vereinbarung über die Gründung eines Gemeinschaftsunternehmens bekannt. Demnach sollte in dem neuen Unternehmen eine Reihe von Betrieben der Land- und Baumaschinenindustrie in Europa und verschiedenen außereuropäischen Ländern zusammengefasst werden, die derzeit zur Fiat- oder Deere-Gruppe gehören. Das Gemeinschaftsunternehmen sollte laut der Firmen seinen Sitz in Europa haben. Das Kapital wäre demnach zu gleichen Teilen von beiden Unternehmen gehalten worden. Beide Unternehmen hatten sich eine Stärkung der Marktposition durch ein umfassendes Lieferprogramm erhofft. Aber schon im Februar 1972 teilen Fiat und John Deere mit, dass es nicht zu der geplanten Neugründung käme, da die Verhandlungen der beiden Unternehmen gezeigt hätten, dass die Vorteile einer Zusammenarbeit überschätzt worden seien.

John Deere 1020 auf einer Ausstellung im Kreis Soest

Perfekt ausgerüstet: John Deere 1020 mit Stoll-Frontlader

Der John Deere 1020 wird hier mit der Leistung von 44 PS optimal eingesetzt

ren Leistungsbereich einen Vierzylinder-Schlepper, den 2020 mit 60 PS, dem Markt vor. Der leistungsstarke Traktor zeigte ein gutes Drehmomentverhalten. Serienmäßig wurde der 2020 als Hinterrad-, optional als Allradschlepper geliefert. Als Getriebe wurde auf Wunsch das Lastschaltgetriebe 16/8 geliefert. Standardmäßig verbaute John Deere aber auch hier weiterhin das bereits bekannte 8V/4R-Muffenschaltgetriebe. Die Füllmenge für Kraftstoff betrug beim John Deere 2020 74,5 l und das Getriebe- und Hydrauliksystem benötigte 38 l Öl. Die Spurweite von 1350 mm war in 100-mm-Abständen bis 1950 mm verstellbar. Für weiteren Komfort wurde der Schlepper optional mit hydraulischer Lenkung ausgeliert. Die Produktion endete 1972. Auch von diesem Exemplar waren einige Schlepper als VO-Varianten für den Obstbau angeboten worden, erkennbar an dem hinteren weit heruntergezogenen Kotflügeln. Ab Produktionsbeginn des John Deere 2020 im Jahr 1967 lieferte das Unternehmen als Serienausrüstung das Achtgang-Muffenschaltgetriebe, ein geschlossenes Hydrauliksystem, hydraulische nasse Scheibenbremsen, die Kombinationsregelhydraulik mit Steuerung über die Unterlenker und als Wahlausrüstung ein unter Last schaltbares High und Low.

John Deere 2120

1968 brachte John Deere den leistungsstärkeren Schlepper Typ 2120 mit einem Vierzylinder-Motor und einem Hubraum von 3590 cm^3 auf den Markt. Seine Leistung lag bei 67 PS und die Höchstgeschwindigkeit wurde mit 30 km/h angegeben. Ein Jahr später erfuhr auch dieser Schlepper eine

John Deere 1120, produziert von 1967 bis 1974, mit 25 km/h Höchstgeschwindigkeit

John Deere 1120 mit Holzspalter

John Deere-Schlepper 2020 mit 60/64 PS

John Deere 3120 bei der Bodenbearbeitung

Leistungssteigerung auf 69 PS. Für kleine Betriebe war der 2120 genauso interessant wie für große Betriebe, die ihn gern als Zweitschlepper einsetzten. Seitens John Deere wurden für diesen Schlepper etliche Ausrüstungsvarianten und Sonderausstattungen angeboten. Im Einsatz bot der Schlepper eine Kraftstoffreserve von 74 l. Die Hinterradversion war standardmäßig mit einer mechanischen Lenkung ausgerüstet. Die ebenfalls verfügbare Allradversion besaß eine hydraulische Lenkung mit einem Einschlagwinkel von 45 Grad. Wie bereits erwähnt, wurde der 2120 auch mit zahlreichen optionalen Ausstattungen geliefert. Als Getriebe wurde zum Beispiel das Muffen-Schaltgetriebe 8V/4R oder ein semihydraulisches Lastschaltgetriebe mit 16 Vorwärts- und acht Rückwärtsgängen verbaut. John Deere produzierte den Schlepper bis 1972.

John Deere 3120

Für Großbetriebe und Lohnunternehmer kam 1969 der John Deere 3120 auf den Markt und vervollständigte die 20er-Serie erfolgreich nach oben. Der Sechszylinder-Schlepper leistete 81 PS bei einem Hubraum von 4976 cm^3. Seine Höchstgeschwindigkeit lag bei 25 km/h und sein Gewicht betrug 3500 kg. Das Lastschaltgetriebe besaß zwölf Vorwärts- und sechs Rückwärtsgänge. Die Spurweite war vorne von 1445 auf 1955 mm verstellbar. Hinten waren 1500 und 1600 mm möglich. Produziert wurden bis 1972 rund 5000 Einheiten.

John Deere 3120 mit 81 PS

John Deere 3120 beim Stammziehen auf einem Schleppertreffen

JOHN DEERE
30er-Serie

Laut Statistik des Kraftfahrbundesamtes stiegen 1972 die Zulassungen der Schlepper in Deutschland kontinuierlich an. 1 508 000 Traktorenzulassungen verzeichnete Flensburg am 1. Juli 1972. Im Vergleich waren es 1960 lediglich 951 000 gemeldete Fahrzeuge. Ab 1960 stiegen die Verkaufszahlen aber Jahr für Jahr stetig an. In dieser Zeit lag das Mannheimer Unternehmen hinter Deutz, IHC, Fendt und MF auf Platz 5 der den Markt beherrschenden Schlepper in Deutschland. Um die Verkaufssituation weiter zu verbessern, brachte John Deere Anfang der 1970er-Jahre eine völlig neue Generation von Schleppern auf den Markt. Die 30er-Serie umfasste insgesamt 15 Modellvarianten für kleine und mittlere Unternehmen, Großbetriebe, Lohnunternehmen und Wein- und Obstbauern. Bei den Traktoren bis 68 PS gehörten der JD 1030, der 1130, der 1630 und der 2030 zu den Schleppern, die mit dem mechanischen Frontantrieb MFWD (Allrad) ausgeliefert werden konnten. Per Schalterdruck am Armaturenbrett brachten die Traktoren zusätzliche Zugkraft auf den Boden. Der MFWD wurde elektro-hydraulisch betätigt, sprach sofort an und war vor Überlastung geschützt. John Deere verbaute in der 30er-Reihe einen neu entwickelten, wassergekühlten Motor mit neuester Verbrennungstechnik. Die Leistung der verschiedenen Modellvarianten mit Drei-, Vier- und Sechszylinder-Motoren erstreckte sich von 35 bis 145 PS. 1975 wurde das Erscheinungsbild der Traktoren der 30er-Reihe geändert. Ab 1972 legte man den Schwerpunkt auf den Komfort der Traktoren: Die klimatisierte John Deere Komfortkabine Sound-Cab kam auf den Markt, die optional erhältlich war.

John Deere 2030 mit 8V/4R-Getriebe

John Deere 2030

Zu den ersten Traktoren der 30er-Reihe gehörte der John Deere 2030, der ab 1972

John Deere 2030 LS, mit dem optional erhältlichen LS-Getriebe ausgerüstet, hier im Grünlandeinsatz

produziert wurde. Parallel dazu kam die Obstbauvariante. Der wassergekühlte Vierzylinder-Dieselmotor leistete bei 2500 U/min 68 PS. Seine Drehmomentreserven waren hoch und sein Drehzahlbereich breit. Der Motor reagierte sofort und behielt seine Kraft auch bei schweren Böden. Der Zylinderblock und das Kurbelgehäuse waren aus einem Stück gefertigt, wobei Grauguss als Material verwendet wurde. Durch verstärkte Rippen im Motorblock wurden Schwingungen der Kurbelwelle bei hohen Drehzahlen verhindert. Das Leichtschaltgetriebe arbeitete mit acht Vorwärts- und vier Rückwärtsgängen. Der 2030 hatte ein Eigengewicht von 2710 kg. Die hydraulische Lenkung (auf Wunsch) erleichterte dem Fahrer die Arbeit auf dem Feld und der Schlepper zeigte sich dank seines Wendekreises von 3700 mm sehr flexibel. Der Kraftstofftank des Schleppers fasste 75 l. Das geschlossene Hydrauliksystem arbeitete mit einem Betriebsdruck von 141 bar. Die Höchstgeschwindigkeit des JD 2030 betrug bis zu 24,8 km/h, wobei optional auch 29,7 km/h möglich waren. Eine Ka-

John Deere 2030, auf einem Weingut am Bodensee im Einsatz

John Deere 2030 schon in neuem Design, gut erkennbar an der neuen Haubenform …

… hier mit Mähwerk

Mit Fritzmeier-Verdeck ausgerüstet ist dieser John Deere 2030 mit angehängtem Dreischar-Pflug

John Deere 2030 mit Lastschaltgetriebe und Dieteg-Kabine

John Deere 2130 bei der Getreideernte

bine und ein Langsam-Schnellgetriebe waren für den John Deere 2030 seinerzeit zusätzlich ab Werk erhältlich. Das äußere Design wurde kurz vor Ende der Produktion noch einmal überarbeitet. 1979 beendete John Deere die Produktion des Schleppers.

John Deere 2130

Zeitgleich mit dem 2030 wurde auch der etwas leistungsstärkere John Deere 2130 angeboten. Sein Vierzylinder-Motor besaß einen Hubraum von 3920 cm^3 und leistete 75 PS. Der Schlepper war mit seiner Leistung auf Klein-, Mittel- und Großbetrieben zu Hause und war der meistverkaufte Schlepper aus der 30er-Reihe. Das Getriebe bestand aus acht Vorwärts- und vier Rückwärtsgängen. Der Hinterradschlepper wurde, wie auch der 2030, standardmäßig mit der Bereifung 15.5-38 hinten und 7,50/16 vorne geliefert. Das Leergewicht betrug beim 2130 je nach Ausstattung etwa 3220 kg. Als Fußbremse diente eine hydraulische Nassbremse und die Handbremse bestand aus einer mechanischen Bandbremse. Die Zapfwelle war unabhängig, hydraulisch unter Last schaltbar, wobei die Normdrehzahl bei 2100 U/min lag. Auf Wunsch wurde auch eine 540/1000er-Zapfwelle für den 2130 eingebaut. Vom John Deere 2130 wurden in der siebenjährigen Produktionszeit über 24 000 Einheiten gebaut.

Dem John Deere 2130 sieht man seine Leistung von 75 PS nicht an

John Deere 3130

Als dritten, der ab 1972 gefertigten Schlepper brachte John Deere den ersten Sechszylinder-Traktor der 30er-Serie. Der 3130 bezog seine Leistung aus einem 89 PS starken Viertakt-Dieselmotor mit 2500 U/min. Diese Leistung wurde über das Getriebe mit zwölf Vorwärts- und sechs Rückwärtsgängen wirkungsvoll in Zugkraft umgewandelt. Perfekt aufeinander abgestimmte, überlappende Getriebeabstufungen ermöglichten, die Drehzahl und Ge-

John Deere 2130 LS mit Stoll-Frontlader

Bestens ausgerüstet: John Deere 2130 mit Frontlader und Allrad

John Deere 3130 mit Kabine gut ausgestattet, seine Leistung 89 PS

schwindigkeit an die jeweilige Arbeit optimal anzupassen. Das Langsam-Schnell-Getriebe gehörte beim 3130 zur standardmäßigen Ausrüstung. Als Bereifung lieferte John Deere vorne 7,50/20 und hinten 16,9/14. 1976 erfuhr der John Deere 3130 eine Leistungssteigerung auf 92 PS. Auf Wunsch wurde der Schlepper für besseren Komfort mit der Fahrer-Sicherheits-Cab ausgerüstet und für eine bessere Gewichtsverteilung standen auf Wunsch Zusatzgewichte zur Verfügung. Auch der 3130 wurde bis 1979 gebaut.

John Deere 1630

1973 rundete John Deere die beliebte 30er-Reihe nach unten ab. Der John Deere 1630 besaß einen Dreizylinder-JD-Dieselmotor mit Direkteinspritzung. Seine Leistung betrug 56 PS. Der Schlepper war auf Wunsch mit Allrad erhältlich und wurde parallel als Schmalspurtraktor angeboten. Das Muffenschaltgetriebe besaß acht Vorwärts- und vier Rückwärtsgänge. Zur optionalen Ausstattung gehörte ein mechanischer Frontantrieb, der zusätzliche Zugkraft besonders

John Deere 1630 LS im Grünlandeinsatz

Mit 56 PS unterwegs: John Deere 1630 in der Hinterradversion

auf schweren und nassen Böden garantierte. Der Wenderadius des 1630 lag mit Lenkbremse bei 2,85 m und das Eigengewicht bei 2595 kg. In dem geschlossenen Hydrauliksystem sorgte die Radialkolbenpumpe mit regelbarer Fördermenge für einen konstanten Druck, selbst dann, wenn mehrere Funktionen gleichzeitig liefen. Der Betriebsdruck lag hier bei 155 bar.

John Deere 830

Für kleinere Betriebe brachte John Deere 1974 den 830 auf den Markt. Dieser Schlepper hatte einen Dreizylinder-Viertakt-Dieselmotor mit einem Hubraum von 2695 cm^3 und einer Leistung von 35 PS. Der universal verwendbare Schlepper besaß serienmäßig eine automatische Kombinations-Regelhydraulik, eine Dreipunkt-Aufhängung der Kategorie I und die unter Last schaltbare Differentialsperre. Dieser Schlepper wurde bereits ab Beginn der Produktion mit der neuen, nach hinten abgeschrägten Haube geliefert. Der geräumige Fahrerstand war durchdacht. Die Bedienhebel waren bequem erreichbar und die Funktionsgruppen farblich markiert. Der wetterfeste, gut gepolsterte Sitz ließ sich auf Gewicht und Größe des Fahrers einstellen. Der 830 hatte ein Eigengewicht von 2150 kg. 1979 beendete das Werk in Mannheim auch die Produktion des „Kleinsten“ der 30er-Reihe.

Schlepperzulassungen erstes Halbjahr 1974

Hersteller	Stück	Marktanteil	Veränderungen	Stückzahl
1. Deutz	6299	21,2 %	+ 1,3 %	+ 4
2. IHC	6232	21,0 %	- 0,2 %	- 463
3. Fendt	4484	15,1 %	+ 1,0 %	+ 20
4. Ferguson	2424	8,2 %	- 1,5 %	- 658
5. John Deere	2393	8,1 %	- 0,2 %	- 237
6. Daimler Benz	1330	4,5 %	- 0,3 %	- 202
7. Eicher	837	2,8 %	- 0,4 %	- 185
8. Ford	761	2,6 %	- 0,1 %	- 95
9. Fiat	596	2,0 %	+ 0,1 %	- 3
10. Holder	594	2,0 %	- 0,1 %	- 85

Im Allgäu ist dieser John Deere 830 beim Wenden

John Deere 1030 mit optional erhältlicher Kabine und einer Leistung von 46 PS

John Deere 930

Parallel zum John Deere 830 brachte Mannheim das Multifunktionstalent, den John Deere 930 mit einer Leistung von 41 PS, auf den Markt. Mit der Technik der „Großen" konnte John Deere diesen Traktor, der als wendiger, schneller und handlicher Schlepper bezeichnet wurde, für den Endkunden ausrüsten. Der stoßgedämpfte Fahrersitz, der individuell verstellbar war, sorgte für einen hohen Fahrkomfort. Die Zapfwelle des Schleppers war auf Wunsch lastschaltbar, vorne optional 1000 U/min für den Mähantrieb, hinten 540 U/min. Die hydraulischen Bremsen waren selbstnachstellende, im Ölbad laufende Scheibenbremsen und sie waren als Fuß- und Lenkbremse ausgebildet. Ein Dreipunkt-Gestänge sorgte für schnelles Ankuppeln und Transportieren von Geräten der Kategorie I. Der Allroundschlepper wurde seinerzeit von John Deere auch als Schmalspurschlepper ausgeliefert.

John Deere 1030

Mit dem bewährten, geschlossenen Hydrauliksystem eroberte ein weiterer John Deere 1974 den Markt. Der 1030 bezog seine Leistung aus einem drehzahlsteifen Viertakt-Dieselmotor mit Direkteinspritzung. Bei 1400 bis 2500 U/min erbrachte er eine Leistung von bis zu 46 PS. Der laufruhige Motor bot mit 17,6 Prozent Drehmomentanstieg gute Kraftreserven. Der Schlepper besaß die Hydraulik der „Großen" und konnte somit optional auch so ausgerüstet werden. Hydrostatische Lenkung, hydraulisch-lastschaltbare, kupplungsunabhängige Zapfwelle, hydraulische Steuergeräte und das lastschaltbare LS-Getriebe waren somit auf Wunsch möglich. Der Dreizylinder-Schlepper hatte eine Gesamtlänge von 3385 mm und einen Radstand von 2050 mm. Eine Fahrersicherheitskabine und Kriechganggetriebe gehörten bei dem Schlepper zur optionalen Ausstattung. Auch der John Deere 1030 wurde als 1030 VU, also in der Schmalspurversion, ausgeliefert, allerdings erst ab 1975. Beide Produktionen endeten 1979.

John Deere 1130

Der John Deere 1130 wurde 1974 als weiterer Dreizylinder-Schlepper auf dem

John Deere 1030 LS mit Fritzmeier-Kabine und Deutz-Schwader im Einsatz

Top restaurierter John Deere 1030 mit Dieteg-Wetterdach

John Deere 1030, Baujahr 1974, einer der letzten aus der Baureihe

Markt eingeführt und vervollständigte die 30er-Serie im mittleren Leistungssegment. Der besonders startfreudige Motor erbrachte eine Leistung von 51 PS bei 2500 U/min. Mit dem bewährten Muffenschaltgetriebe mit acht Vorwärts- und vier Rückwärtsgängen und perfekten Gangabstufungen erreichte der Fahrer für jede Arbeit die optimale Geschwindigkeit. Der John Deere 1130 bestach mit Merkmalen wie nasse, hydraulische Scheibenbremsen, lastschaltbare Differentialsperre, der bekannten Regelhydraulik mit Regelung über den Unterlenker und Heckzapfwelle mit 540 U/min. Zudem wurden auch hier Zusatzausrüstungen wie eine kupplungsunabhängige Zapfwelle angeboten, bei der einfach der Zapfstummel ausgetauscht wurde und so eine 1000er-Zapfwelle genutzt werden konnte. Die Höchstgeschwindigkeit des Schleppers lag bei 25 km/h. Als Bereifung wurden vorne 7.50-16 und hinten 12.4-36 angegeben. Es waren hinten aber auch noch weitere Varianten verfügbar.

John Deere 4230

1974 rundete das Mannheimer Werk die 30er-Serie mit dem John Deere 4230 nach oben auf. Der Sechszylinder-Schlepper erbrachte eine Leistung von 118 PS bei 2200 U/min. Seine Höchstgeschwindigkeit betrug 30 km/h. Der Schlepper eignete sich ideal für größere landwirtschaftliche Betriebe und Lohnunternehmen. Der Schlepper besaß ein Eigengewicht von 5190 kg, eine Länge von 4205 mm und eine Breite von 2760 mm. Sein Wenderadius betrug mit Lenkbremse 7800 mm. Ausgerüstet mit zusätzlichen Komponenten aus dem Ausland wurde dieser Schlepper auf einem völlig neuen Montageband in Mannheim gefertigt. Für höchsten Komfort sorgte bei diesem Schlepper die neue „Sound Gard"-Kabine. Sie bot Sicherheit und beste Rundumsicht für den Fahrer. Im Einsatz sorgten das Gruppensynchrongetriebe mit 16 Vorwärts- und sechs Rückwärtsgängen und der zuschaltbare Frontantrieb für beste Arbeitsbedingungen. 1977 endete die Produktion des Schleppers im Werk Mannheim.

John Deere Notizen 1974

1974 teilen die John Deere Werke Mannheim mit, dass das Unternehmen mehr als 30000 Schlepper exportiert. Insgesamt wurden 1974 aus der Bundesrepublik Deutschland 68721 Traktoren ins Ausland verkauft. Davon stammten allein 30383 aus dem Mannheimer Werk. Das Unternehmen, das einen Traktor nur auf Band legt, wenn ein spezifizierter Auftrag vorliegt, sei, laut Angabe der Geschäftsleitung, voll ausgelastet.

John Deere 4430

1975 ergänzte John Deere die Produktpalette der 30er-Reihe mit dem John Deere 4430 nach oben. Sein Gruppensynchrongetriebe mit hydraulisch lastschaltbarer Langsam- und Schnellschaltung wies 16 Vorwärts- und sechs Rückwärtsgänge auf. Die Zapfwelle (1000 U/min) war unter Last schaltbar. Zum Fahrkomfort gehörte laut Hersteller eine vibrationsfrei angebrachte Kabine. Der Geräuschpegel in der Kabine betrug maximal 83 dB(A). Ein gummigepolsterter, stoßdämpfergefederter Sitz, Gebläse und Sitz gehörten ebenfalls zur Ausstattung. Ähnlich wie der JD 4230 war auch der 4430 mit einem hydraulischen Frontantrieb und einem Sechszylinder-Motor ausgestattet. Die Leistung des John Deere 4430 lag bei 145 PS (2200 U/min) und sein Gewicht betrug 5980 kg. 1977 endete auch die Produktion dieses Schleppers in Mannheim.

John Deere 3030

John Deere vervollständigte 1978 die Produktpalette der 30er-Reihe mit dem Sechszylinder-Schlepper John Deere 3030. Er erbrachte eine Leistung von 89 PS bei 2500 U/min. Zwölf Vorwärts- und sechs Rückwärtsgänge sorgten für einen reibungslosen Arbeitsablauf. Der Schlepper hatte eine Länge von 4000 mm, eine Breite von 2460 mm und eine Höhe von 3020 mm. Auch hier war der Allrad während der Fahrt zuschaltbar. Der Traktor war sowohl mit Überrollbügel als auch mit der bereits bekannten FSC-Kabine lieferbar. Das Eigengewicht wurde mit 3850 kg ohne Kabine und mit 4550 kg mit Kabine angegeben. Das zulässige Gesamtgewicht lag bei 6000 kg. 1979 endet auch die Produktion des JD 3030 und somit auch die Ära der 30er-Serie, die bereits seit 1977 langsam durch die Modelle der 40er-Serie ersetzt wurde.

John Deere 1130

John Deere 4230

John Deere 4430

John Deere Notizen 1976

John Deere steigerte die Produktion im Geschäftsjahr 1976 um 6 Prozent auf 3,134 Milliarden Dollar, etwa 7,55 Milliarden DM. Rund 75 Prozent des Umsatzes tätigt das Unternehmen in den USA und Kanada. Die restlichen 25 Prozent verteilen sich auf Europa (13,3 Prozent), Südafrika, Mexico und sonstige Länder. Die in Deutschland ansässigen Unternehmen Mannheim und Zweibrücken sind lediglich mit 2,5 Prozent am Gesamtumsatz beteiligt. Der Jahresbericht weist für 1976 einen Überschuss von 2,42 Millionen Dollar (etwa 583 Millionen DM) aus. Damit liegt der Ertrag 35 Prozent über dem des Vorjahres. Der Überschuss ist aber im Wesentlichen dem nordamerikanischen Markt zuzurechnen. Die Produktentwicklung lässt sich das amerikanische Unternehmen viel kosten. 108 Millionen Dollar flossen 1976 in 18 Entwicklungsabteilungen, davon neun in den USA und sechs in Europa. Der Konzern rechnet auch in den nächsten Jahren mit günstigen Umsatzentwicklungen bei Landmaschinen, besonders in Europa.

John Deere 3030 LS mit FSC-Kabine, die optional erhältlich war

JOHN DEERE
40er-Serie

Bereits 1977 begann die Produktion der 40er-Serie in Mannheim. John Deere pries die Traktoren als besonders komfortabel und leistungsstark an. Die wichtigsten Merkmale der Serie waren ein neues Styling, die Standardisierung der Motorreihe, das synchronisierte Getriebe mit höheren Rückwärtsgeschwindigkeiten, das synchronisierte Getriebe in Verbindung mit „HILO" (Power Synchro), das synchronisierte Kriechgang-Vorschaltgetriebe und die neue Wahlausrüstung für die umschaltbare 540/1000er-Zapfwelle. Man erreichte bei nun auch höhere Hydraulik-Hubleistungen und rüstete die Schlepper mit einer hydrostatischen Lenkung aus. Der Radstand und die Kraftstofftanks wurden insgesamt größer bemessen. Gleich drei Sechszylinder-Typen wurden präsentiert. Allerdings kamen die Komponenten dieser Traktoren aus Amerika. In Mannheim wurden sie lediglich montiert und von dort an die Kunden ausgeliefert.

John Deere 4040

Als zunächst „Kleinster" der drei Schlepper wurde der John Deere 4040 mit hydrostatischer Lenkung vorgestellt. Zu Produktionsbeginn 1977 glich der Traktor zunächst noch den amerikanischen Ausführungen, gut auszumachen an den Blinkern oben in der Kabine. Später wurde er für die deutschen Anforderungen äußerlich angepasst. Der Sechszylinder-Schlepper 4040 erbrachte eine Leistung von 110 PS bei 2200 U/min und besaß einen Hubraum von 5883 cm³. Der Schlepper verfügte über eine Drehmomentreserve, die sich über einen langen Arbeitsdrehzahlbereich erstreckte. Die Schaltung des Quad-Range-Getriebes erfolgte hydraulisch, ohne zu kuppeln unter voller Last und synchronisiert. 16 Vorwärts- und sechs Rückwärtsgänge standen zur Verfügung. Die hydraulisch betätigte, nasse Perma-Kupplung war eine Entwicklung von John Deere und stellte sich selber nach. Für die hydraulische Funktion sorgte eine leistungsfähige Getriebeölpumpe und ein Zusatzölbehälter unmittelbar über der Haupthydraulikpumpe. Das wirkte unterstützend auf die Kraftentwicklung im System. Für den Komfort sorgte die bereits bekannte Sound-Cab-Kabine, die vor Hitze, Staub, Lärm und Kälte schützte. Der John Deere 4040 hatte einen Wendekreis von 3900 mm und einen Radstand von 2642 mm. Serienmäßig war der Schlepper mit der Bereifung 18.4-38 hinten und 11.00-16 vorne ausgerüstet. Der Kraftstofftank fasste 140 l, das Kühlsystem 23 l und das Getriebe 59 l. Zunächst war für den JD 4040 nur der bekannte hydrostatische Allradantrieb ver-

John Deere 4040 beim Maisabfahren in der Soester Börde

fügbar. 1980 wurde er jedoch durch einen mechanischen Antrieb ersetzt. Der Schlepper wurde fortan als 4040 S vermarktet. Das Ende der Produktion erfolgte 1984.

John Deere 4240

Verstärkung bekam der 4040 vom größeren Bruder, dem 4240, der im gleichen Jahr in Produktion ging. Der 4240 erbrachte eine Leistung von 128 PS bei einem Hubraum von 7640 cm^3. Seine Höchstgeschwindigkeit betrug 30 km/h. Sein Leergewicht lag bei 6070 kg. Ansonsten entsprach er von der Technik her dem kleineren Modell 4040. Auch der 4240 Hinterradschlepper wurde auf Wunsch in der bekannten S-Version ausgeliefert.

John Deere 4440

Als Flaggschiff der 30er-Reihe präsentierte John Deere den 4440 mit einem Sechszylinder-Viertakt-Turbo-Diesel und einem Hubraum von 7640 cm^3. Der Traktor leistete 155 PS und war praktisch auf tiefen, schweren Böden zu Hause. Das neue Verhältnis von Kraft zu Gewicht und der lange Radstand trugen dazu bei, dass er schwerste Arbeiten verrichten konnte. Das Einspritzsystem wurde bei diesen Typen verbessert, die Pleuel, der Kolben und die Kolbenringe stärker und massiver ausgelegt. Das Lastschaltgetriebe (Quad Range) arbeitete mit 16 Vorwärts- und sechs Rückwärtsgängen in vier Gruppen genau aufeinander abgestimmt. Die hydraulische Anlage versorgte die hydrostatische Lenkung, die Scheibenbremsen, die Differentialsperre und die unabhängige Zapfwelle (540 oder 1000 U/min) und nicht zuletzt den hydrostatischen Frontantrieb und die Dreipunkt-Hydraulik. Der 4440 hatte ein Leergewicht von 6470 kg. Für ein gutes Arbeitspensum sorgte der großdimensionierte Kraftstofftank mit einem Fassungsvermögen von 246 l. Auf Wunsch wurde der 4440 seinerzeit auch mit PowerShift-Getriebe 8/4 ausgeliefert. 1985 endete die

Ein schönes Gespann: John Deere 4440 mit JD-Sämaschine

Die 1981 eingeführte SG2-Kabine

John Deere 840 mit Wetterdach und Frontlader

John Deere 940

John Deere 1040 im Jahr 2012 beim Pflügen fotografiert

Der John Deere 940 leistete 44 PS und besaß gegenüber seinem Vorgängermodell eine höhere Pumpenleistung in der Hydraulik. Waren es bei dem JD 930 noch 155 bar Systemdruck, so hatte der 940 nun einen Systemdruck von 190 bar. So zeigte sich der Schlepper noch flexibler in der Anwendung von Anbaugeräten aller Art. Zwei Jahre nach der Einführung des JD 940 wurde er auf Wunsch mit Sicherheitskabine und Allrad angeboten. Während der 940 serienmäßig mit einem 18V/8R-Muffengetriebe geliefert wurde, war die preiswertere Version 940 X-E serienmäßig mit 8/4-Gang-Getriebe versehen. Aber auch die X-E-Version konnte auf Wunsch ab Werk hochwertiger ausgerüstet werden. 1983 betrug der Kaufpreis für einen John Deere 940 Hinterradversion ohne Kabine und mit hydraulischer Lenkhilfe 24 300 DM inklusive 14 Prozent Mehrwertsteuer, während die Allradversion mit integrierter Kabine und Frontlader bei 42 200 DM lag.

John Deere 1040

Als weiteren Schlepper der 40er-Reihe stellte John Deere 1979 den 1040 vor, der auch in der Schmalspurversion VU erhältlich war. Der „Kleine“ beinhaltete die gleiche Technik wie die Standardversion. Der JD 1040 besaß ebenfalls einen Dreizylinder-Motor, der hier eine Leistung von 50 PS aufwies. Der Drehmomentanstieg lag bei 16,6 Prozent. Als Getriebe bot das Mannheimer Unternehmen gleich mehrere Varianten. So konnte der Kunde zwischen dem Synchrongetriebe 8/4, dem Power-Synchron-Getriebe 16/8 und dem Kriechganggetriebe 12/8 wählen. Darüber hinaus bot der Schlepper auf Wunsch einen mechanischen Frontantrieb, eine hubstarke Hydraulik (190 bar) und wahlweise verschiedene Zapfwellenversionen. Die optionale Kabine beinhaltete ein Zentral-Kontrollinstrument und informierte über 17 Traktorenfunktionen. Die neu gestaltete Heckscheibe ließ sich bis zu 80 Prozent öffnen und bot beste Sicht auf die hinteren Anbaugeräte. Komfort wurde bei John Deere groß geschrieben. So rüstete das Unternehmen die Schlepper mit einem Luxus-Polstersessel aus, der individuell auf Größe, Gewicht und Reichweite des Fah-

John Deere 1040 im Jahr 2017 auf einem Oldtimertreffen

John Deere 1140 mit FSC-Kabine im Grünlandeinsatz

rers eingestellt werden konnte. Scheibenwischer, Heizung, Innenbeleuchtung, Sonnenblende usw. gehörten zur Serienausstattung. Der John Deere 1040 besaß ein Eigengewicht von 2990 kg mit Kabine und Frontantrieb. In der Standardversion (Sicherheitsrahmen und Hinterradversion) lag das Gewicht bei 2520 kg. John Deere lieferte auch diesen Schlepper als preisgünstigere Alternative in der X-E-Version.

John Deere 1140

Als zunächst letzten und leistungsstärksten Dreizylinder-Schlepper brachte John Deere 1979 den John Deere 1140 mit einer Leistung von 56 PS und einem Hubraum von 2940 cm^3 auf den Markt. Getriebe- und Allradvarianten waren identisch mit der Ausstattung des kleinen Bruders John Deere 1040. Der 1140 besaß einen Kraftstofftank mit einem Volumen von 78 l. In der Standardversion betrug sein Eigengewicht 2650 kg. Die serienmäßige, mechanische Lenkung des Schleppers war optional auch in der hydraulischen Version lieferbar, ebenso die Kabine und der mechanische Frontantrieb. Als standardmäßige Bereifung wurde für die Hinterradversion vorne 7.50-16 6PR und hinten 13.6/12-36 6PR verwendet. Auch der John Deere 1140 wurde als X-E-Version angeboten. Speziell für den Obstbau produzierte das Unternehmen aus Mannheim hier auch einen 1140 F, ausrüstbar mit den gleichen Komponenten wie die herkömmliche Version. Ein John Deere 1140 in der Standardversion, ohne Kabine und optionale Ausstattung, kostete 1983 26 300 DM inklusive Mehrwertsteuer, während die beste Ausstattung für 43 100 DM erhältlich war. Die beinhaltete unter anderem Allrad, Kabine und das synchronisierte 16/8-Getriebe. 1986 lief der letzte JD 1140 vom Band.

Dieser John Deere 1140 ist mit einer Fritzmeier M 782-Kabine ausgerüstet und leistet 56 PS

John Deere 1640

Mit dem John Deere 1640 stellte das Mannheimer Unternehmen 1979 den ersten Vierzylinder-Schlepper der 40er-Serie vor. Er eignete sich besonders für mittlere Betriebe und als Zweitschlepper für große Höfe. Sein Hubraum betrug 3920 cm^3, die Leistung lag bei 62 PS. Er wirkte durch seinen Radstand von 2280 mm besonders groß und leistete bei einem Gewicht von 3380 kg mit Kabine und Allrad beste Arbeit mit schwerem Gerät. Das Tankvolumen von 90 l sicherte lange Arbeitsperioden ohne Unterbrechung. Auch beim JD 1640 standen die drei bereits bekannten Getriebevarianten zur Auswahl. Standardmäßig

John Deere 1140 mit FSC-Kabine und optional erhältlicher Fronthydraulik im Einsatz

John Deere 1140 mit 56 PS und einem Hubraum von 2940 cm^3

John Deere 1640 mit der neuen SG2-Kabine in der XE-Variante

Der John Deere 1640 leistet 62 PS

wurde jedoch weiterhin mit dem 8/4-Getriebe geliefert. Steuergeräte, sowohl einfach wie auch doppelt wirkend, gehörten zur optionalen Ausstattung des Schleppers. Mit dem Wenderadius von 3800 mm zeigte sich der 1640 besonders flexibel. Selbst mit zugeschaltetem Allrad betrug der Wenderadius nur 5100 mm. In der Grundausstattung kostete der Traktor seinerzeit ab 29 000 DM aufwärts, je nach Ausführung.

John Deere 2040

Als weiteren Schlepper präsentierte das Mannheimer Unternehmen den John Deere 2040. Die Leistung von 70 PS bezog der Traktor aus einem Vierzylinder-Viertakt-Motor mit Direkteinspritzung. Seine Höchstgeschwindigkeit wurde mit 30 km/h angegeben. Ab 1980 lieferte das Unternehmen aus Mannheim den Schlepper auch als S-Version mit einer gesteigerten Leistung von 75 PS und serienmäßigem Power-Synchron-Getriebe 16/8. Die normale Version wurde weiterhin standardmäßig mit dem Synchrongetriebe 8/4 geliefert. Ab 1983 lieferte John Deere auch von diesem Typ die preisgünstigere Variante X-E aus. Vergleicht man die Preise der Mitbewerber seiner Zeit, so lag John Deere zum Beispiel bei dem 2040 S (Vollausstattung) weit unter den Verkaufspreisen vergleichbarer 75-PS-Modelle.

John Deere 2140

Der größte Vierzylinder-Schlepper der 40er-Serie war der John Deere 2140. Seine Kraft bezog der Schlepper aus einem Vierzylinder-Viertakt-Turbodiesel mit einer Leistung von 82 PS bei gleich gebliebenem Hubraum (3920 cm^3). Für gestiegene Anforderungen rüstete man den Schlepper mit einem 102-l-Kraftstofftank aus. Sonderausstattungen wie Allrad, Synchrongetriebe usw. wurden weiterhin optional geliefert. Sein Leergewicht betrug als absolute Standardversion 3408 kg und sein Preis lag im Oktober 1983 bei 36 600 DM. Auch dieses Modell wurde 1986 vom Markt genommen.

JD 1640 wartet im Allgäu auf seinen Einsatz zum „Reinmähen“

JD 1640, Hinterradversion, mit M 782-Kabine

John Deere 1640, mit Allrad, SG2-Kabine, Frontlader, Fronthydraulik und Frontzapfwelle bestens ausgerüstet

Mit seiner Leistung auch für den Einsatz im Wald geeignet: John Deere 1640 mit Frontlader

Mit Fritzmeier-Kabine und Allrad: John Deere 1640

John Deere 2040 mit 70 PS Leistung

John Deere 2040 S mit 75 PS Leistung

John Deere Notizen 1979

Das Werk Mannheim ist die größte John Deere-Fabrik außerhalb der Vereinigten Staaten von Amerika. Es beschäftigt 4600 Mitarbeiter und das Werksgelände umfasst inzwischen 46 ha. Das Unternehmen baut am Standort Traktoren von 38 bis 155 PS und verkauft sie in über 100 Länder auf fünf Kontinenten. Das Werk Mannheim ist der führende Hersteller und Exporteur von Traktoren in Deutschland. Auch Baumaschinen werden dort in verschiedenen Leistungsklassen produziert.

John Deere 2040 Hinterrad mit Frontlader

John Deere 2040 S Hinterrad mit SG2 Kabine

Als Hinterradschlepper im Einsatz, John Deere 2040 mit Europa-Kabine von Fritzmeier

John Deere 2140 mit Frontgewicht beim Pflügen

John Deere 2140 mit SG2-Kabine, in der XE-Ausführung mit Allrad

John Deere 2140 Hinterrad

John Deere 2140 mit der FSC-Kabine und Allrad

John Deere 2140 Hinterrad mit Fritzmeier-Verdeck

Mit 82 PS ist der 2140 am Pflügen

John Deere 2140 mit Pflegebereifung und SG2-Kabine

Stoll-Frontlader, Allrad und Flachdachkabine: John Deere 2140

John Deere 3040

Erst im Jahr 1979, zwei Jahre nach der Präsentation des John Deere 3130, stellte das Unternehmen aus Mannheim wieder einen John Deere-Schlepper der 40er-Serie vor, der in Großbetrieben und Lohnunternehmen eingesetzt werden sollte. Der John Deere 3040 war mit einem wassergekühlten Sechszylinder-Dieselmotor mit 90 PS ausgerüstet. Der Hubraum lag bei 5883 cm³. Auch dieser Schlepper wurde zunächst auf Wunsch mit dem bekannten zuschaltbaren Frontantrieb geliefert. Ab 1982 war aber ein mechanischer Frontantrieb möglich und die PS-Leistung wird noch einmal um zwei Pferdestärken angehoben. In der besten Ausstattung mit Frontlader, Allrad, 16/8 SL-Getriebe und

John Deere 3040 mit 90 PS Leistung und Allradantrieb

John Deere 3040 mit Hinterradantrieb

John Deere 3140 mit Sicherheitskabine FSC bei der Maisernte

John Deere 3140 mit 97 PS als Hinterradschlepper

SG2-Kabine wurde der Schlepper für 72 500 DM inklusive Mehrwertsteuer angeboten.

John Deere 3140

Zeitgleich mit dem John Deere 3040 wurde für die Bedürfnisse im stärkeren Leistungssegment auch der John Deere 3140 produziert. Sein Motor leistete 97 PS bei einem Drehmomentanstieg von 17,9 Prozent. Der Schlepper wurde ebenfalls optional mit dem mechanischen Frontantrieb geliefert, auf Wunsch auch mit Differentialsperre. Das geschlossene Hydrauliksystem arbeitete mit 190 bar. Die Lenkung erfolgte hydrostatisch. Steuergeräte, einfach und doppelt wirkend, und ein Walterscheid-Schnellkuppler wurden auf Wunsch geliefert. Die Bereifung war beim Standardschlepper vorne serienmäßig 7.5-20 8PR und hinten 16.9/14-38 8PR und beim 3140 mit mechanischem Antrieb vorne 13.6/12-24 6PR und hinten 18.4/15-34 8PR. Bei der letzteren Bereifung besaß der Schlepper eine Höhe von 3038 mm bis Oberkante Auspuff und die Bodenfreiheit wurde mit 533 mm bei hydraulischem Antrieb angegeben. Das Eigengewicht betrug in Vollausstattung 4920 kg und der Preis lag 1983 bei 75 100 DM.

John Deere 3640

Erst 1984 rundete John Deere mit dem 3640 die 40er-Serie nach oben ab. Der Motor mit 84 kW/112 PS bot durch seine niedrige Kolbengeschwindigkeit eine hohe Lebensdauer. Das Hochleistungskühlsystem und die Druckschmierung sorgten für optimale Motortemperaturen und geringen Verschleiß. Das Power-Synchron-Getriebe mit 16/8 Gängen nutzte die Motorleistung optimal aus. Synchronisiertes Schalten auf der Straße und Lastschalten auf dem Feld sparten Kraftstoff und Zeit, dabei wurde die Lastschaltstufe durch zwei wartungsfreie ölgekühlte Kupplungen geschaltet. Die Zapfwelle konnte mit nur einem Hebel zu- oder abgeschaltet werden. Der Schlepper besaß serienmäßig eine umschaltbare Zapfwelle mit 540/1000 U/min. Für langes Arbeiten auf dem Feld bot der Kraftstofftank ein Volumen von 186 l. Die bekannte SG2-Kabine sowie Steuergeräte gehörten weiterhin zur optionalen Ausstat-

JD 3140 in der XE-Version mit Allrad im Ernteeinsatz

Mit Flachdachkabine und Fronthydraulik: John Deere 3140

John Deere 3140 mit Fritzmeier Europa-Kabine

Bereit für den Einsatz ist dieser John Deere 3140 mit 100 PS

tung des 3640. Bei Arbeiten auf dem Feld bot der Schlepper eine optimale Gewichtsverteilung mit gutem Bodenkontakt. Hieraus resultierte beste Zugkraft. Durch die spezielle Neigung des Achsschenkels wurde ein Nachlaufwinkel von zwölf Grad erreicht und ein Einschlagwinkel von 50 Grad. Der Wenderadius war für diesen großen Schlepper mit 4300 mm sehr gering. Der 3640 besaß ein Eigengewicht von 5155 kg und ein zulässiges Gesamtgewicht von 8000 kg. Als Standardbereifung wurde vorne 12.4-28 und hinten 16.9-38 geliefert. 1986 beendete das Mannheimer Werk die Produktion der 40er-Reihe.

John Deere Notizen 1983

Ende Januar 1983 rollt der 700 000ste Traktor vom Montageband der John Deere Werke Mannheim. Der Jubiläumstraktor, ein 100-PS-Modell vom Typ 3140 mit SG2-Kabine, ist für einen Landwirt in Frankreich bestimmt. Das derzeitige Produktprogramm von John Deere umfasst 22 Grundmodelle, die in rund 50 verschiedenen Varianten für den weltweiten Handel produziert werden.

John Deere 3640 mit Frontgewicht und 112 PS beim Maislegen

John Deere 3640 mit Fronthydraulik und SG2 im Maiseinsatz

JOHN DEERE
50er-Serie

Mit Produktionsende der 40er-Serie in Mannheim schloss John Deere diese Lücke mit der neuen 50er-Reihe. Ein besonderes Augenmerk hatte das Unternehmen aus Mannheim bei diesen Schleppern auf den Motor und dessen Sparsamkeit und Langlebigkeit gelegt. „Führend beim Kraftstoffsparen“, so bewarb John Deere die neue Produktionslinie. Das Unternehmen startete mit insgesamt fünf Dreizylinder-, fünf Vierzylinder- und drei Sechszylinder-Traktoren mit Leistungen von 38 bis 116 PS. Offizielle Tests bescheinigten seinerzeit, dass die neuen Modelle der 50er-Serie durchweg spitze waren, wenn es um Krafteinsparung, Durchzugsreserven oder konstante Leistung ging. Über einen Drehzahlbereich bis zu 420 U/min (je nach Modell) hielten die neuen Constant Power-Motoren nahezu die volle Leistung und boten dabei noch jede Menge Drehmomentreserven. In den neuen Dreizylinder-Traktoren steckte weit mehr Leistung, als die kW-Zahl zunächst vermuten ließ. Weitere Vorzüge, die sonst nur in den „großen“ John Deere-Traktoren zu finden waren, waren das geschlossene Hydrauliksystem mit Unterlenkerregelung, das unter Last schaltbare Power-Synchron-Getriebe oder die Allrad-Wendigkeit mit 50-Grad-Einschlagwinkel. Die Vierzylinder-Modelle bestachen neben dem bekannten Motor auch durch die Ausstattung mit der preisgünstigen MC1-Kabine oder optional mit der komfortablen SG2-Kabine. Gut erkennbar waren alle Schlepper der neuen 50er-Serie an der veränderten Motorhaube mit schwarzem Kühlergrill. Nach den Traktorenzulassungen von Juli 1985 bis Juni 1986 lag die Firma John Deere mittlerweile auf Platz drei mit einer verkauften Stückzahl von 3106, direkt hinter Deutz-Fahr und Fendt. Das machte einen Gesamtanteil von 9,2 Prozent für die Firma aus Mannheim.

John Deere 1350

1986 kam der kleinste Schlepper der 50er-Reihe, der John Deere 1350 auf den Markt. Sein Dreizylinder-Viertakt-Dieselmotor besaß einen Hubraum von 2940 cm^3 und leistete 38 PS bei 2300 U/min. Er war mit dem bereits erwähnten 8V/4R-Synchrongetriebe mit Differentialsperre ausgestattet. Für die notwendige Sicherheit sorgten ölgekühlte Scheibenbremsen. Das Leergewicht betrug 2430 kg und die Höchstgeschwindigkeit wurde mit 30 km/h angegeben. Der 1350 wurde als einziger Schlepper der neuen Baureihe nur als Hinterradversion angeboten. Bei allen anderen Schleppern dieser Serie wurden beide Versionen produziert.

John Deere 1850

Für stärkere Leistung stand ebenfalls 1986 der Dreizylinder John Deere 1850 mit gleichem Hubraum, aber einer gesteigerten Leistung von 56 PS. Sein Leergewicht lag bei 2560 kg und sein Radstand betrug 2050 mm. Für die Arbeit mit schwerem Gerät stand dem Schlepper an den Unterlenkern eine maximale Hubkraft von 23,5 kN zur Verfügung. Als Bereifung lieferte John Deere unter anderem vorne 6.00-16 und hinten 12.4-36. Auf Wunsch verbaute man eine MC1-Kabine auf dem Schlepper, auch der zuschaltbare Frontantrieb war optional ab Werk erhältlich. Der John Deere 1850 wurde als stärkster Dreizylinder-Schlepper der 50er-Serie auch in der N-Version für spezielle Arbeiten in Ställen und als Kompaktschlepper produziert. Mit dem Radstand von 2159 mm und der geringen Gesamthöhe von 2580 mm zusätzlich zu den zahlreichen Zusatzoptionen, wie zum Beispiel Frontlader und zuschaltbarer Allradantrieb, bot dieser Traktor alles, was für den Landwirt wichtig war.

John Deere 2250

Ab 1986 produzierte John Deere den 2250, den ersten und kleinsten Vierzylinder-Schlepper der 50er-Reihe, der ideal war für die mittleren Betriebe. Wie bereits der 1850 wurde auch dieser Traktor als Allrad- und Hinterradschlepper angeboten. Der John Deere 2250 leistete bei einem Hubraum von 3920 cm^3 62 PS. Drei Getriebevarianten standen dem Kunden zur Verfü-

Schlepperzulassungen 1984/85

Fabrikat	**Oktober 1985**		**Januar 1985 bis Oktober 1985**		**November 1984 bis Oktober 1985**	
	Stück	Anteil in %	Stück	Anteil in %	Stück	Anteil in %
1. IHC	672	22,0	5010	16,3	5551	15,6
2. Deutz-Fahr	522	17,1	5311	17,2	6685	18,8
3. Fendt	377	12,4	5973	19,4	6508	18,3
4. John Deere	321	10,5	2855	9,3	3253	9,2
5. Daimler Benz	270	8,8	2433	7,9	2760	7,8
6. MF	174	5,7	1970	6,4	2204	6,2
7. Fiat	144	4,7	1560	5,1	1958	5,5
8. Same	68	2,2	691	2,2	832	2,3
9. Steyr	53	1,7	588	1,9	643	1,8
10. Renault	48	1,6	666	2,2	746	2,1
11. Hako	40	1,3	310	1,0	399	1,1
12. Zetor	37	1,2	402	1,3	441	1,2
13. Eicher	32	1,0	301	1,0	322	0,9
14. Ford	32	1,0	292	0,9	342	1,0
15. Gutbrod	31	1,0	355	1,2	433	1,2
16. Holder	28	0,9	329	1,1	397	1,1
17. Case	28	0,9	109	0,4	140	0,4
18. Iseki	21	0,7	149	0,5	188	0,5
19. Lamborghini	18	0,6	162	0,5	177	0,5
20. Schlüter	14	0,5	227	0,7	244	0,7
Sonstige	122	4,0	1119	3,6	1278	3,6
Gesamt	**3052**	**100,0**	**30.812**	**100,0**	**35.501**	**100,0**
Veränderungen zum Vorjahr in %		-24,9		2,4		-0,3

Quelle: Kraftfahrt-Bundesamt/LAV

John Deere 1350

John Deere 1850

John Deere 2250 mit Frontlader beim Festfahren

gung, das standardmäßig verbaute 8V/4R, das 16V/8R oder das 12V/8R. Optional wurde der Schlepper mit der komfortablen SG2-Kabine geliefert. Der John Deere 2250 besaß eine Länge von 4193 mm, eine Breite von 1862 mm und eine Höhe von 2445 mm. Der Radstand betrug bei der Hinterradvariante 2226 mm und in der Allradversion 2287 mm. Die Vorderachse kam von ZF und trug die Bezeichnung ZF/APL 325. 1994 wurde die Produktion beendet. Der Preis für einen John Deere 2250 betrug 1990 in der Allradversion mit SG2-Kabine rund 58 900 DM inklusive 14 Prozent Mehrwertsteuer. Zusatzausrüstungen wie 40-km/h-Ausführung kosteten seinerzeit 1100 DM und das Lastschaltgetriebe schlug mit 1740 DM zu Buche. Diese Ausstattungen waren im Endpreis noch nicht enthalten.

John Deere 2450

Ergänzt wurde die mittlere Baureihe mit dem John Deere 2450, der eine Leistung von 70 PS bei 2300 U/min besaß. Auch hier wurden, wie bereits beim kleineren Vierzylinder-Schlepper 2250, optional die SG2, Allrad, 40-km/h-Gang usw. geliefert. Der John Deere 2450 besaß ein Leergewicht von 3210 kg in der Hinterradversion. Er war mit einer Heckzapfwelle mit 540/1000 U/min ausgerüstet. Ein weiterer Vorteil auch bei diesem Schlepper war die hydrostatische Lenkung, mit dem bekannten Einschlagwinkel von 50 Grad, die eine gute Wendigkeit gewährleistete und den Schlepper damit sehr flexibel in allen Arbeitsbereichen machte. Bereits 1992 beendete Mannheim die Produktion der John Deere 2450, die preislich Anfang der 90er-Jahre in Vollausstattung bei 63 400 DM lagen.

John Deere 2650

Ein weiterer John Deere-Schlepper ergänzte 1986 das mittlere Leistungssegment der 50er-Serie. Der mit einem Vierzylinder-Viertakt-Turbo-Diesel ausgestattete 2650 leistete 78 PS bei einem Hubraum von 3920 cm^3. Er war ideal für gehobene Ansprüche in der Landwirtschaft. Das Leichtlaufgetriebe, der 40-km/h-Gang und die Kraftheber-Leistung, die seitens Mannheim verbessert wurde, waren nur einige

John Deere 2250 Hinterrad mit 62 PS Leistung

Bei der Bodenbearbeitung: John Deere 2250

John Deere 2250 mit Allrad und Multi-CAB-Kabine von Fritzmeier

John Deere 2250 mit Schäffer-Frontlader, Allrad und SG2-Kabine

John Deere 2250 mit 62 PS

John Deere 2250 beim Mulchen

Im Allgäu im Einsatz: John Deere 2250 Allrad

Mit der MC1-Kabine komplett auf Grünland abgestimmt: John Deere 2250

John Deere 2450

Vorteile dieses Schleppers. Der JD 2650 besaß ein Leergewicht von 3360 kg und wurde je nach Wunsch mit dem 8/4-Synchrongetriebe (Standard), dem Power-Synchrongetriebe 16/8 mit Lastschaltstufe oder dem Synchrongetriebe 12/8 mit Kriechgang geliefert. Produziert wurde der John Deere 2650 bis 1994. Ebenso die 2650 N-Version, die technisch der Standardversion entsprach, aber mit 35 km/h Höchstgeschwindigkeit, spezieller Hopfenkabine und standardmäßigem Allrad speziell für den Einsatz in den bekannten Anbaugebieten gerüstet war.

John Deere 2850

Als Flaggschiff unter den Vierzylindern präsentierte John Deere den 2850, der zugleich für mittelständische Betriebe als auch für Großbetriebe ideal konzipiert war. Der John Deere 2850 erbrachte eine Leistung von 86 PS, die er aus einem Turbo-Diesel-Motor bezog. Auch der JD 2850 war als Hinter- und Allradschlepper erhältlich. Die Bereifung ab Werk war vorne 10.00-16

Der John Deere 2650 war mit mehreren Getriebevarianten lieferbar

Mit SG2-Kabine beim Pflügen: John Deere 2650

Die enorme Wendigkeit des JD 2650 wird hier demonstriert

John Deere 2650 mit Fronthydraulik und Frontzapfwelle sowie Einreiher- Maishäcksler

John Deere 2650 mit Power-Synchron-Getriebe

John Deere 2650 Allrad mit Multi-CAB-Kabine

Die Fronthydraulik und Frontzapfwelle sind ein Muss im Allgäu

JD 2850 mit Allrad und SG2-Kabine wartet auf einen neuen Besitzer

JD2850 mit SG2-Kabine, Allrad, Fronthydraulik und Frontzapfwelle

John Deere 2850 fährt hier mit Pöttinger-Ladewagen

John Deere 2850 mit 86 PS

Den John Deere 2850 gab es auch in der N-Version für den Hopfenanbau

John Deere 2850 N
Hopfenschlepper

Der John Deere 2850 eignet sich mit entsprechender Ausrüstung gut für den Einsatz im Wald

John Deere 2850 beim Pflügen

Ein seltenes Bild: John Deere 2850 als Hinterradschlepper mit Frontlader und Überladewagen

John Deere 2850 mit MC1-Kabine

John Deere 2850 mit Pöttinger-Profi-Ladewagen

John Deere 3050 mit SG2 und Frontladerböcken

und hinten 13.6-38 für die Hinterradvariante. Das Leergewicht lag bei 3380 kg. Bei dem 2850 verwendete John Deere für die Allradversion eine stärkere Vorderachse, die ZF/APL 735 mit 12/5-Getriebe und automatischer Differentialsperre. Das zulässige Gesamtgewicht wurde mit 6000 kg angegeben. Bedeutend günstiger war der Schlepper in der damaligen Zeit mit der MC1-Kabine. Während die Allradversion hier 65 400 DM kostete, lieferte John Deere den Traktor mit gleicher Technik, aber mit der bekannten SG2-Kabine für einen Preis von 72 300 DM.

John Deere 3050

Der John Deere 3050 ersetzte 1986 den bis dahin produzierten, 90 PS starken 3040. Der neue Sechszylinder-Traktor besaß einen Viertakt-Diesel-Motor mit Direkteinspritzung und leistete nun 92 PS bei einem Hubraum von 5883 cm³. Wie bereits die Traktoren aus dem mittleren Leistungsbereich war auch dieser Schlepper wahlweise mit 30- oder 40-km/h-Getriebe erhältlich. Auch die drei bekannten Getriebevarianten (8/4, 16/8 und 12/8) wurden je nach Bedarf in dem Schlepper verbaut.

John Deere 3050 beim Abfahren von Mais

Mit 92 PS beim Legen von Mais: John Deere 3050

John Deere Notizen 1988

Bei insgesamt rückläufigem Inlandsabsatz kann die deutsche Traktorenproduktion 1988 eine leichte Steigerung um 3,2 Prozent auf 69025 Einheiten verbuchen. Als größter Traktorenbauer in der Bundesrepublik im 16. Jahr hintereinander kann John Deere seine Position dabei weiter ausbauen. Mit 28736 Einheiten tätigte das Unternehmen allein 41,6 Prozent (39,4 Prozent) des Weltabsatzes der in der Bundesrepublik produzierenden Traktorenindustrie. Dies entspricht einem Zuwachs von 8,9 Prozent. Damit kommt jeder zweite aus der Bundesrepublik Deutschland exportierte Traktor (55,2 Prozent bzw. 25881 Einheiten) aus den John Deere Werken Mannheim. Die deutsche John Deere Gruppe erzielte zum Oktober 1988 einen Gesamtumsatz von 1,7 Milliarden DM und damit eine Steigerung um 21 Prozent gegenüber dem Vorjahr.

John Deere 3050

John Deere 2040 und JD 3350 beim Festfahren von Silo

Auf dem Acker zu Hause: John Deere 3350

Als Vorderachse diente hier die ZF/APL 345, während die Hinterachse von John Deere selbst geliefert wurde. Zur Zusatzausrüstung gehörte beim John Deere 3050 die 40-km/h-Version (1570 DM), eine Zapfwelle mit 1000 U/min (4800 DM) und ein doppelt wirkendes Steuergerät für 800 DM inklusive Mehrwertsteuer. Als Standardbereifung lieferte John Deere vorne 10.00-16 und hinten 16.9-38. Die SG2-Kabine wurde bei den Sechszylinder-Schleppern nicht mehr optional, sondern standardmäßig geliefert. 1993 lief der letzte John Deere 3050 in Mannheim vom Band.

John Deere 3350

Als weiteren Sechszylinder-Schlepper stellte das Unternehmen aus Mannheim den John Deere 3350 vor. Der Motor erbrachte eine Leistung von 100 PS bei

Eine gute Ausstattung hat dieser John Deere 3350

Das Markenzeichen des Schleppers: die extreme Wendigkeit

JD 3350 mit SG2 und Fronthydraulik ausgerüstet. Die SG2-Kabine war seinerzeit das Highlight

John Deere 3350 mit 100 PS beim Pflügen

einem Drehmomentanstieg von 20 Prozent und einem maximalen Drehmoment von 370 Nm bei 1400 U/min. Der Hubraum lag bei 5883 cm³. Für die Arbeiten auf dem Feld war der Schlepper mit einer hydraulisch unter Last schaltenden Heck- und Frontzapfwelle ausgerüstet (1000 U/min). In der 40-km/h-Version verbaute John Deere für die nötige Sicherheit auf der Allradantriebswelle zusätzliche Scheibenbremsen. Die Heckhydraulik bestand aus einem Dreipunkt-Gestänge Kategorie II oder III N mit Walterscheid-Schnellkupplern und Regelung über den Unterlenker (maximale Hubkraft 16,0 kN). Die Lenkung erfolgte hydraulisch. Der John Deere 3350 war mit einem Kraftstofftank von 121 l Fassungsvermögen ausgestattet. Für höhere Anforderungen war der Schlepper auf Wunsch auch mit einem Zusatztank (Fassungsvermögen 173 l) ausrüstbar. Mit der bekannten SG2-Kabine besaß der 3350 eine Höhe von 2844 mm (bei Hubdach plus 35 mm). Die SG2-Kabine war seinerzeit auch als Niedrigkabine für niedrige Stalldurchfahrten mit dem bereits bekannten Komfort erhältlich. Dazu zählte unter anderem das in sechs Positionen verstellbare Lenkrad, die runde, getönte Frontscheibe für beste Sicht, Scheibenwischer, die Armaturentafel mit 19 beleuchteten Funktionen und der Komfortsitz mit kombinierter Feder- und Hydraulikaufhängung für bequeme Fahrten auch in unebenem Gelände. Das Eigengewicht des John Deere 3350 betrug mit Kabine und der optionalen Allradvariante 4860 kg. Die standardmäßige Auslieferung des JD 3350 erfolgte mit dem 16/8-Power-Synchron-Getriebe und der 30-km/h-Version. Das 40-km/h-Power-Synchron-Getriebe war seinerzeit, ausgenommen die Bundesrepublik Deutschland, nicht in allen Ländern zugelassen. Auch bei Allradantrieb und großer Bereifung besaß der Schlepper mit einem Radius von 4300 mm eine extreme Wendigkeit. 1993 wurde die Produktion des JD 3350 in Mannheim eingestellt.

John Deere 3650

Ebenfalls 1986 lief in Mannheim das Flaggschiff der 50er-Serie vom Band, der John Deere 3650. Der Sechszylinder-Motor mit Turbolader erbrachte eine Leistung von 114 PS bei einem Drehmomentanstieg von 28 Prozent. Die Fronthydraulik, die auf Wunsch ab Werk geliefert wurde, erschloss weitere Vorteile durch zusätzliche Anbaugeräte. Mehrere Arbeitsgänge waren so möglich. Der Schlüssel zu der außergewöhnlichen Allrad-Wendigkeit von John Deere, auch bei dem 3650, waren die Achsschenkelbolzen, die um volle 12 Prozent nach hinten geneigt waren, während viele andere Allradachsen nicht einmal die

Mit 114 PS bei der Bodenbearbeitung: John Deere 3650

John Deere 3650 beim Abfahren von Getreide

John Deere 3650: der Turbo-Motor leistet 114 PS

Ausreichend Gegengewicht für die Einsaat: John Deere 3650

Hälfte dieser Winkelstellung boten. Beim Wenden neigte sich das kurveninnere Rad vom Chassis im oberen Bereich weg und bot so Platz für große Bereifungen. Die Zugkraft wurde so durch die Lenkgeometrie in der Kurve verbessert. Die Reifen besaßen eine größere Kontaktfläche zum Boden und garantierten beste Kraftübertragung. Als Standardbereifung lieferte das Mannheimer Werk für den JD 3650 vorne 12.4-28 und hinten 16.9-38. Optional waren aber auch andere Bereifungen, wie 16.9-24 vorne und 18.4-38 hinten, möglich. Bei der letzteren Variante besaß der Schlepper eine Bodenfreiheit von 540 mm und eine Höhe von 2844 mm. Der Wenderadius wurde mit 4700 mm angegeben. Das zulässige Gesamtgewicht betrug 8300 kg. Die 1000er-Zapfwelle und eine Druckluftanlage gehörten zur optionalen Ausstattung. 1990 lag der Preis für den 3650 in der Standardausstattung bei 98 000 DM inklusive 14 Prozent Mehrwertsteuer. Beendet wurde seine Produktion ebenfalls 1993.

John Deere 1550

1987 ergänzte John Deere die Dreizylinder-Schlepper der 50er-Reihe mit dem 1550. Er reihte sich im mittleren Leistungssegment der „kleinen" Traktoren ein. Mit 44 PS besaß der Schlepper einen Hubraum von 2940 cm^3, wie schon die vorangegangenen Dreizylinder-Modelle. Der John Deere 1550 wurde standardmäßig als Hinterradschlepper ausgeliefert, war aber auf Wunsch auch in der Allradversion erhältlich. Der preisgünstige Schlepper besaß weiterhin das 8/4-Synchrongetriebe und eine Höchstgeschwindigkeit von 30 km/h. Als Bereifung wählte man vorne 6.50-16 und hinten 9.5-36. Als Hinterachse verbaute das Mannheimer Unternehmen bei diesem Schlepper einen Eigenbau. Für die Allradversion wurde von der Zahnradfa-

John Deere Notizen 1990

Die deutsche John Deere Gruppe konnte ihre Umsatzerlöse nach 1,73 Milliarden im Jahr 1988 auf 2,0 Milliarden steigern, wobei sich die Exportquote auf 88 Prozent belief. Der Umsatzzuwachs resultierte aus gestiegenen Produktionszahlen. Das Mannheimer Traktorenwerk produzierte im vergangenen Jahr 39 000 Traktoren und Komponentensätze, 6000 mehr als im Vorjahr. Das John Deere Werk Zweibrücken steigerte die Mähdrescherproduktion um rund 500 Einheiten auf 2775 Stück. Die Steigerungsraten wirkten sich schließlich auch auf die Kabinenproduktion in Bruchsal aus, die mit 22 000 Einheiten rund 1500 Fahrerkabinen mehr produzieren konnten als im Vorjahr.

John Deere 1550

brik Friedrichshafen eine ZF/APL 315 bezogen und verbaut. Der John Deere 1550 zeichnete sich durch seinen besonders sparsamen, leistungsorientierten Constant-Motor aus. Die Hinterradversion war Anfang der 90er-Jahre für etwa 28 000 DM erhältlich, während die Allradversion für etwa 35 000 DM angeboten wurde.

John Deere 1750

Mit dem John Deere 1750 erweiterte das Unternehmen die Angebotspalette im kleinen Leistungssegment. Der Schlepper erbrachte eine Leistung von 50 PS, die er aus dem Dreizylinder-Viertakt-Motor bezog. Die bekannte und bereits bewährte Technik war auch in diesem Schlepper umgesetzt worden. Wie bereits beim 1550, wurde auch der John Deere 1750 optional in der Allradversion ausgeliefert. Da die „kleinen“ Traktoren dieser Serie in der Grundausstattung lediglich mit einem Verdeck ausgeliefert wurden, bot unter anderem die Firma Fritzmeier speziell für diese Schlepper die Multi-CAB an, die zusammen mit der Firma John Deere entwickelt wurde. Sie ermöglichte die Durchfahrt bei niedrigsten Stall- und Garageneinfahrten, besaß einen Geräuschwert von 89,5 dB A und ließ sich schnell montieren.

John Deere 1950

Der John Deere 1950 vervollständigte die Dreizylinder-Standard-Serie und Mannheim brachte gleichzeitig den stärksten Schlepper dieser Reihe auf den Markt. Der John Deere 1950 eignete sich optimal für kleine und mittlere und auch als Allroundschlepper für Großbetriebe. Durch seinen Dreizylinder-Viertakt-Turbo-Diesel mit Direkteinspritzung zeigte sich der John Deere 1950 mit seinen 65 PS als besonders kraftvoll. Durch die weiteren optionalen Möglichkeiten, wie Allrad und Kabine, war dieser Schlepper auf jedem Hof universell einsetzbar.

John Deere 1445 F Plantage

Um auch den Bedarf an Traktoren für den Weinbau abzudecken, produzierte John Deere ab 1987 den Plantagentraktor 1445 F, der mit einem Dreizylinder-Motor mit Direkteinspritzung eine Leistung von 42 PS erbrachte. Der Schlepper deckte den jeweiligen Bedarf der Betriebe ab. Für Gärtnereien wurde der Schlepper mit einem Umsturzbügel geliefert. Hierdurch ergab sich eine besonders niedrige Durchfahrtshöhe. Zudem konnte der Schlepper mit einer Walter Mauser-Kabine ausgerüstet werden. Als Hinterachse verbaute das Mannheimer Unternehmen hier die mechanische Goldoni-Achse mit Klauen. Als Getriebe wurde standardmäßig das 8/4 verbaut, während auf Wunsch auch das 16/8 s möglich war. Auch eine Allradversion war ab Werk erhältlich. Für den Einsatz im Obstbau erreichte der 1445 F eine Bodenfreiheit von 450 mm. Die Allradversion besaß eine Bodenfreiheit von 370 mm. Die Hinterradvariante des Plantagenschleppers kostete seinerzeit in der Grundausstattung 34 400 DM, während die Allradversion für 41 500 DM erhältlich war. Alleine die Verdeckkabine, die, wie auch das Kriechganggetriebe und die 1000er-Zapfwelle, auf Wunsch verbaut werden konnte, kostete im Jahr 1990 mit Mehrwertsteuer 7000 DM. 1994 wurde die Produktion der 50er-Serie endgültig eingestellt und durch die revolutionäre 6000er-Serie ersetzt.

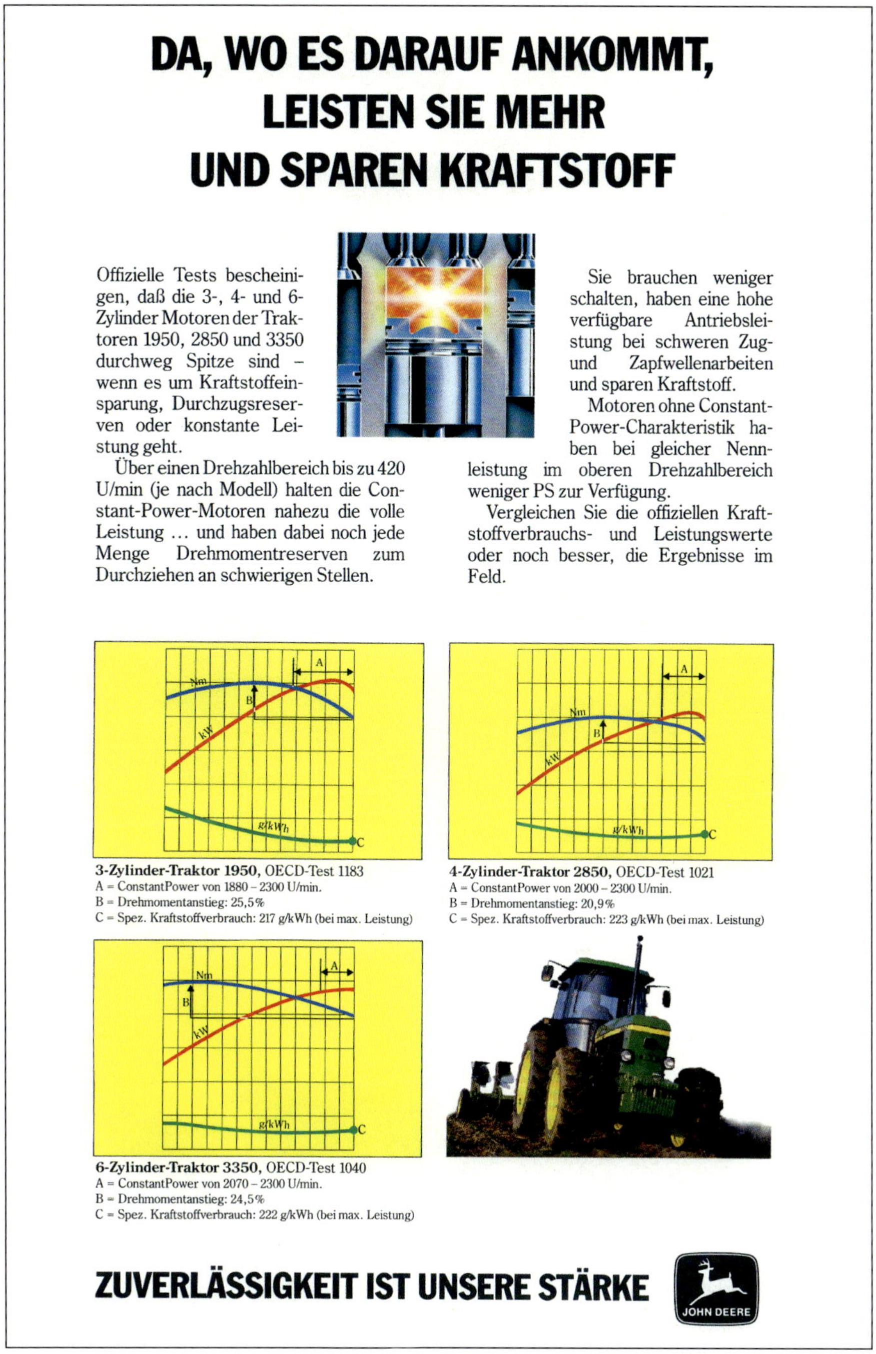

John Deere 1950 mit Niedrigkabine

Mit Baas-Frontlader im Forst unterwegs: John Deere 1950 mit 65 PS

JOHN DEERE-LANZ
6000er-Serie

Im September 1992 führte John Deere nach zehn Jahren Entwicklungszeit eine völlig neue Traktorenbaureihe auf dem Markt ein. Die 6000er-Serie erinnerte nur noch durch die Farbkombination Grün/Gelb an die Vorgängerserie. Ansonsten stellte das Unternehmen aus Mannheim ein völlig neues Schlepperkonzept vor, das auf Anhieb allein durch die neue, weiter nach vorn gerückte TechCenter-Kabine erkennbar war. Mit der bis dahin bewährten SG2 hatte diese neue TechCenter-Kabine, die für Getriebearbeiten seitwärts klappbar war, nichts mehr gemein. Forderungen der John Deere-Kunden nach zwei Einstiegen wurden hier erfüllt. Der am Eckpfosten hochgeführte Auspuff garantierte eine uneingeschränkte Sicht nach vorne. Der optional verbaute, luftgefederte Sitz und das Lenkrad, welches sich individuell anpassen ließ, sorgten für einen guten Komfort für den Fahrer. Die gravierendste Änderung bei der neuen 6000er-Serie war aber nicht auf den ersten Blick erkennbar. John Deere fertigte die neue Baureihe in Rahmenbauweise. Schon in den 80er-Jahren erkannte man im Unternehmen, dass die Blockbauweise nicht mehr den Anforderungen entsprach. Motor, Getriebe und Kupplungsblöcke mussten immer stärker ausgelegt werden, um den steigenden Belastungen durch Front- und Heckkraftheber gerecht zu werden. Höhere Nutzlasten wurden durch die neue Rahmenbauweise nun möglich, wobei Komponenten keine tragende Funktion mehr hatten und dadurch wesentlich leichter gebaut werden konnten. Hieraus resultierten hohe Nutzlasten, ein niedrigeres Leergewicht und als weiterer Vorteil die Möglichkeit des Anbaus zum Beispiel von Frontladern direkt an den Rahmen. Das war bis dahin nur an bereits vormontierten Frontladerkonsolen möglich gewesen. Weitere Änderungen bei den Schleppern der 6000er-Reihe waren unter anderem ein neuer Motor und neue Getriebevarianten. Der Kunde konnte zwischen drei Synchrongetrieben und drei Getrieben mit vierstufiger Lastschaltung sowie lastschaltbarem Reversierer mit Neutralstellung wählen. Alle zur Verfügung stehenden Varianten wurden auf Wunsch mit Kriechganggetriebe geliefert. Die neue 6000er-Serie umfasste zunächst vier Modelle, welche ausschließlich als Vierzylinder-Traktoren produziert wurden. 1994 und 1995 wurde die 6000er-Serie nochmals um vier Sechszylinder-Traktoren erweitert. Die Baureihe war so erfolgreich, dass 1995 bereits 50 000 Schlepper das Werk in Mannheim verlassen hatten.

John Deere 6100

Der kleinste Schlepper der neuen Traktorenbaureihe war seinerzeit der John Deere 6100. Er war mit einem Vierzylinder-Saugmotor ausgerüstet, der bei einem Hubraum von 4530 cm³ eine Leistung von 75 PS erbrachte. Der Constant Power-Motor hatte, wie alle anderen Vierzylinder-Modelle dieser Serie auch, eine Nenndrehzahl von 2300 U/min. Der Schlepper hielt seine konstante Leistung über einen weiten Drehzahlbereich bei. Als standardmäßiges Getriebe lieferte die Firma aus Mannheim das PowrQuad-Getriebe 16/16 von 2,4 bis 30 km/h. Auf Wunsch lieferte John Deere, wie bereits erwähnt, aber auch andere Getriebevarianten und Geschwindigkeiten. Der John Deere 6100 konnte mit maximal vier einfach und doppelt wirkenden Steuergeräten ausgerüstet werden. Der Wenderadius mit Allrad und Lenkbremse betrug 4,41 m und für langes Arbeiten auf dem Feld bot der Kraftstofftank mit 160 l Fassungsvermögen Reserven. Durch die neue Rahmenbauweise ergab sich beim John Deere 6100 das geringe Eigengewicht von 3900 kg und ein zulässiges Gesamtgewicht von 6800 kg. Ab Werk wurde der Schlepper mit der Bereifung 13,6 R 24 und hinten 16,9 R 34 geliefert. Bis 1997 wurde der beliebte Schlepper in Mannheim gefertigt.

John Deere 6100 mit Pflegebereifung im Einsatz

Der John Deere 6200, hier in der SE-Version, wurde 1992 auf dem Markt eingeführt

Für eine Kommune ist dieser JD 6200 im Einsatz

Im Maiseinsatz mit der neuen Kabine und Fronthydraulik: John Deere 6300

John Deere 6200

Mit einem kleineren Hubraum, aber einer höheren PS-Zahl lieferte Mannheim als zweiten Schlepper der 6000er-Serie den John Deere 6200 mit einer Leistung von 84 PS bei einem Hubraum von 3920 cm^3. Das Hydrauliksystem des Schleppers stellte seine Kraft für Arbeiten auf dem Feld auf Abruf zur Verfügung und blieb in einer energiesparenden Ruhestellung, wenn keine Hydraulikleistung benötigt wurde. Sobald Leistung gefordert wurde, schaltete sich die Ölpumpe ein und durch kurze Ölleitungen reagierte das System unmittelbar, was sich bei dem Schlepper energiesparend auswirkte. Der 6200 besaß ein Eigengewicht von 3950 kg und einen Radstand von 2400 mm. Das zulässige Gesamtgewicht von 6800 kg war identisch mit dem des JD 6100. Der Kraftheber zeigte eine maximale Hubkraft von 46,2 kN. Als Bereifung lieferte John Deere standardmäßig 14,9 R 24 vorne und 16,9 R 38 hinten. Alle weiteren Komponenten waren optional seitens John Deere erhältlich. Dazu ge-

John Deere 6300 in der Hinterradversion

Ein ungewohntes Bild: John Deere 6300 in kommunaler Ausführung bei der landwirtschaftlichen Arbeit

hörte unter anderem ein Frontlader, den das Unternehmen erstmals selbst produzierte. Der JD 640 A war als Sonderausstattung speziell für die 6000er-Serie verfügbar. Der Fronlader besaß eine maximale Hubkraft von 1610 kP und ein Gewicht von 656 kg. Der John Deere 6200 wurde ab 1996 auch als SE-Schlepper in der bereits bekannten preisgünstigeren Varianten ausgeliefert. Der JD 6200 SE war auf die Bedürfnisse kleinerer Höfe und Nebenerwerbslandwirte zugeschnitten.

John Deere Notizen 1993

Der 100 000ste Schlepper verließ das Montageband des Traktorenwerkes in Mannheim.

Wartet auf seinen Einsatz: John Deere 6300 in kommunaler Ausführung

John Deere 6300

Als dritter Schlepper der neuen Serie präsentierte John Deere den 6300 mit einer Leistung von 90 PS bei 2300 U/min. Der Hubraum blieb bei diesem Modell identisch mit dem 6200. Zu den vielfältigen Wahlausrüstungen, die zum Komfort des Fahrers beitrugen, gehörte beim JD 6300 unter anderem ein ausklappbarer Beifahrersitz, ein um 180 Grad drehbarer Fahrersitz mit zusätzlichem Fußraum entgegen der Fahrtrichtung und ausziehbare Seitenspiegel, die eine gute Sicht auf die Heckarbeitsgeräte ermöglichten. Aber auch eine Scheibenwaschanlage, Kotflügelverlängerungen, Kriechgangunterstützung und ein Air Comfort-Sitz gehörten zu den optionalen Möglichkeiten, die John Deere liefern konnte.

John Deere 6400

Mit dem John Deere 6400 vervollständigte das Unternehmen die Vierzylinder-Baureihe. Der Schlepper besaß eine Leistung von 100 PS und einen Hubraum von 4530 cm^3 und eignete sich ideal für mittlere und Großbetriebe. Wie auch alle anderen Vierzylinder-Modelle besaß der John Deere 6400 eine sehr langlebige Kupplung. Die Perma II-Kupplung war bei allen Schleppern extremen Belastungen ausgesetzt. Die Ölkühlung der großen, selbststellenden Kupplungsscheiben bewirkte, dass die Wärme, unabhängig von den Anforderungen, wirksam abgeleitet wurde. Die Perma II-Kupplung sorgte für ein sanftes Einkuppeln bei der Anfahrt und gehörte zur Standardausstattung aller Vierzylinder-Modelle. Der bereits bekannte Auspuff am Kabineneckpfosten wird auch hier auf

John Deere Hopfentrakor 6400

Mit Industriefrontlader JD 740 A und Pflegebereifung ist dieser 6400 ausgerüstet

Mit Krone-Presse im Einsatz: JD 6400, mit 100 PS der größte Vierzylinder der Baureihe

Dieser John Deere 6400 ist für den Forsteinsatz ausgerüstet

Wunsch verbaut. John Deere lieferte aber auch zwei weitere Varianten (vertikal links vorne und seitlich nach unten). Die beiden letzten Varianten waren für die größeren Modelle 6600, 6800 und 6900 zunächst nicht vorgesehen. Für die nötige Sicherheit verbaute John Deere im 6400 ein Zweistufen-Bremssystem, welches sich beim Bremsen durch wenig Pedalkraft auszeichnete. Die Bremsen waren selbstnachstellend und somit wartungsfrei. Insgesamt bot die neue 6000er-Serie höchste Technik, robuste Verarbeitung, niedrigen Spritverbrauch und hohe Wartungsfreiheit. Das erkannten seinerzeit auch die potenziellen Kunden und ließen die Schlepper der 6000er-Serie zum Verkaufsschlager werden.

John Deere 6600

Zwei Jahre nach Vorstellung der sehr erfolgreichen 6000er-Baureihe erweiterte das Unternehmen aus Mannheim die Produktpalette dieser Serie nach und nach um weitere vier Schlepper. Die Sechszylinder-Traktoren waren besonders für Großbetriebe und Lohnunternehmer gedacht. Der „Kleinste" dieser Baureihe war der John Deere 6600. Ausgerüstet war der Schlepper mit einem Sechszylinder-Viertakt-Dieselmotor mit einem Hubraum von 5880 cm³. Seine Leistung betrug 110 PS bei 2300 U/min. Auch bei diesem Schlepper standen mehrere Getriebevarianten zur Wahl. Das SynchroPlus wurde als 12/4 und 15/5 in der 30-km/h-Version geliefert und als 18/6-Gang in der 40-km/h-Version. Das PowrQuad war als 16/12 und 20/16 in der 30-km/h-Variante und als 20/12 und 24/16 in der 40-km/h-Version erhältlich. Kriechganguntersetzungen waren für alle PowrQuad-Getriebe verfügbar, so dass die Geschwindigkeitspalette um je zwölf lastschaltbare Vorwärts- und Rückwärtsgänge erweitert werden konnte. Für ebene Flächen und leichte Böden war das vollsynchronisierte SynchroPlus-Getriebe die perfekte Wahl. Auch bei dem John Deere 6600 hatte das Mannheimer Unternehmen besonderen Focus auf Zuverlässigkeit und Langlebigkeit gelegt. Die bereits bekannte Rahmenbauweise entlastete den Motor

und das Antriebsgehäuse des Schleppers. Mit einem Eigengewicht von 4650 kg und einem zulässigen Gesamtgewicht von 8200 kg war der John Deere 6600 der perfekte Partner für schwere Arbeiten auf dem Feld.

DIE JOHN DEERE TRAKTOREN DER 6000ER SERIE

Überragende Vielseitigkeit und zuverlässige Leistung machen diese Traktoren zum idealen Helfer für kommunale Einsätze

Die Perma-Kupplung II – ausgelegt auf lange Lebensdauer. *Bei vielen kommunalen Einsätzen, wie Arbeiten mit dem Frontlader, müssen Sie häufig kuppeln. Die selbstnachstellenden, großdimensionierten Scheiben der Perma-Kupplung II werden hydraulisch betätigt und sind ölgekühlt. So können ihnen auch extrem schwere Belastungen unter hoher Wärmeeinwirkung nichts anhaben.*

Der vielseitige kommunale Arbeitseinsatz zeigt vielen herkömmlichen Traktoren ihre Grenzen auf. Denn hohe Leistungsanforderungen an die Gesamtkonstruktion – insbesondere der Dauereinsatz von Hydraulik und Zapfwelle gehören hier zum tagtäglichen Geschäft. Bei den neuen John Deere Traktoren der 6000er Serie ist das anders.

Sechs Modelle von 55 bis 88 kW (75 – 120 PS) bieten die Vielseitigkeit, Leistung und Zuverlässigkeit, die Sie suchen.

Bauen Sie Ihren Traktorenpark auf dem starken durchgehenden Brückenstahlrahmen auf. Bei dieser revolutionären Konstruktion trägt allein der Rahmen das Gewicht des Traktors und der Anbaugeräte. Das bedeutet eine wesentliche Erhöhung der Nutzlast.

Wie das funktioniert? Geringeres Leergewicht bedeutet mehr Möglichkeiten, schwere Arbeitsgerätekombinationen einzusetzen, ohne den Traktor zu überladen. Für Sie heißt das breitere Einsatzvielfalt.

Die superkomfortable Kabine mit großen Fensterflächen ist nach vorn versetzt. Ein solch ausgezeichneter Überblick nach vorn, nach hinten und zur Seite ist einzigartig ... und zum Beispiel bestens geeignet für Arbeiten wie Hecken schneiden und Graben räumen, auch von der Straßenseite.

Aber das ist erst der Anfang. Die neue John Deere Perma-Kupplung II (Fahrkupplung) ist ölgekühlt – so können ihr auch schwierigste Einsatzbedingungen nichts anhaben. Ein neues intelligentes Hydrauliksystem reagiert wesentlich feinfühliger und präziser. Und die neuen John Deere ConstantPower-Motoren sowie sechs verschiedene Getriebevarianten bringen viel Durchzugskraft und eine neue Leistungsqualität über einen weiten Arbeitsdrehzahlbereich.

Ihr John Deere-Vertriebspartner zeigt Ihnen gern die neuen Modelle, den 6100 mit 55 kW (75 PS), den 6200 mit 62 kW (84 PS), den 6300 mit 66 kW (90 PS), den 6400 mit 73 kW (100 PS), den 6600 mit 81 kW (110 PS) und den 6800 mit 88 kW (120 PS), wenn es sein muß, noch heute.

Der kleinste Sechszylinder im Grünlandeinsatz: John Deere 6600

Mit der perfekten Gewichtsverteilung am Ackern: John Deere 6600 mit 110 PS

John Deere 6600 bei der schweren Pflugarbeit

John Deere 6800

Wenn noch mehr Leistung benötigt wurde, war der ab 1994 produzierte John Deere 6800 mit einem Hubraum von 6786 cm^3 die richtige Wahl. Der Schlepper besaß eine Länge von 4563 mm, eine Breite von 2362 mm und eine Höhe von 2883 mm mit der bekannten TechCenter-Kabine. Für die Arbeiten auf dem Feld war der Schlepper mit einer elektronischen Regelhydraulik ausgerüstet. Sie garantierte eine einfache, schnelle Steuerung der Arbeitsgeräte. Ein Fingertip genügte, um die Arbeitsgeräte anzuheben oder abzusenken. Doppelt wirkende Zusatzsteuergeräte wurden in drei verschiedenen Versionen angeboten (Serie 100 Standard, Serie 200 und 300 mit Neutralautomatik). Bis zu vier Zusatzsteuergeräte standen für verschiedenste Arbeitsgeräte und Anwendungen zur Verfü-

Mit einem 800-kg-Gewicht beim Abfahren von Mais: John Deere 6600

Der JD 6600 mit ausstellbarem Sonnendach

gung. Für den John Deere 6800 standen auf Wunsch Ausstattungen wie 40-km/h-Getriebe, Rückfahreinrichtung, Frontkraftheber in verschiedensten Ausführungen, vier Arbeitscheinwerfer auf dem Kabinendach und vieles mehr zur Auswahl.

John Deere 6900

Der John Deere 6900, das Flaggschiff der 6000er-Serie, wurde zeitgleich mit dem John Deere 6800 und 6600 1994 auf dem Markt vorgestellt. Der Schlepper leistete 130 PS bei 2100 U/min. Sein Leergewicht lag bei 5390 kg, das zulässige Gesamtgewicht bei 9000 kg und die zulässige Nutzlast wurde mit 3610 kg angegeben. Die Spurweite bei allen Sechszylinder-Traktoren betrug 1816 mm. Der John Deere 6900 war mit der Bereifung 16.9 R 28 vorne und 20.8 R 38 hinten ausgestattet. Für einen effizienten Einsatz auf dem Feld hatte das

John Deere 6800

John Deere 6800 mit Kartoffelroder bei der Ernte

Unternehmen den John Deere 6900 mit einem voluminösen Kraftstofftank (250 l) ausgerüstet. Weiterhin sorgte die Kabine mit vielen neuen Details für optimalen Komfort des Fahrers. Eine Option, die John Deere lieferte, war das HMS. Der Schalter, der sich in der Kabine befand, diente zur automatischen Ein- und Ausschaltung von Allradantrieb, Zapfwelle und Differentialsperre. Selbst bei schweren Gerätekombinationen konnte der Fahrer am Vorgewende mit HMS noch produktiver arbeiten. Weiterhin trug bei verschiedenen Außentemperaturen die Belüftung der Kabine zu einem guten Komfort bei. Wie im Auto konnte die Gebläsedrehzahl, die Luftstromrichtung, Heizung und Klimaanlage auf dem John Deere bequem reguliert werden. Über die neue elektronische Hubwerksregelung konnten per Knopfdruck sämtliche Hydraulikarbeiten gesteuert werden. Mit einem Fingertip konnten Arbeitsgeräte angehoben oder abgesenkt werden. Wie auch alle anderen Schlepper die-

JD 6800 ist mit vorderen gedrehten Reifen, das schont bei der Straßenfahrt

Bis 1997 produziert: John Deere 6800, hier beim Abfahren von Mais

John Deere 6800 mit großer Mulde

Als Getriebe verbaute John Deere hier das PowrQuad mit 30- oder 40-km/h-Gang

Mit Krone-Rundballenpresse im Einsatz: John Deere 6900

Mit Güllefass im Einsatz: John Deere 6900

Mit einem Hubraum von 6786 cm³ leistet der John Deere 6900 140 PS

Der 6900 hat einen Wenderadius von 5120 mm und ein Eigengewicht von 5390 kg

ser Serie besaß der 6900 die hydrostatische Lenkung mit dem bekannten Lenkwinkel von 52 Grad und dem Nachlaufwinkel von 12 Grad. Für das Flaggschiff ergab sich hier mit einem Wenderadius von 5,12 m eine enorme Flexibilität. Der John Deere 6900, der seinerzeit die optimale Wahl für Lohnunternehmer und große landwirtschaftliche Betriebe war, wurde bis 1997 produziert.

John Deere 6506

1995 vervollständigte das Mannheimer Unternehmen die Produktreihe der Sechszylinder-Traktoren mit dem John Deere 6506. Der „Kleinste" der Baureihe leistete 105 PS, die er aus einem Viertakt-Diesel-Saugmotor mit Direkteinspritzung bezog. Der Hubraum blieb auch bei diesem Modell mit 6786 cm^3 gleich. Neben der bewährten Rahmenbauweise beinhaltete die-

Für effektives, langes Arbeiten auf dem Feld sorgt der 250-l-Kraftstofftank des Boliden

ser Schlepper die gleiche Technik wie die großen Modelle der Baureihe. Neben vielen möglichen Sonderausstattungen wurde der John Deere 6506 standardmäßig mit 30-km/h-Gang und dem 20/20-Powr-Quad-Getriebe geliefert. Wie alle Versionen bot auch der 6506 eine lastschaltbare Power-Reversierschaltung rechts mit Neutralposition. So konnte der Fahrer ohne Kuppeln von vorwärts auf rückwärts schalten. Bei dem John Deere 6506 wurde die Reversierschaltung bereits links vom Lenkrad aus gesteuert. Bei den älteren Modellen war dieses noch nicht möglich. Der „kleinste“ Sechszylinder-Schlepper der Serie wurde nur zwei Jahre produziert.

Die TechCenter-Fahrerkabine hat einen niedrigen Geräuschpegel von 75 dB(A)

Der John Deere 6506 besitzt ein zulässiges Gesamtgewicht von 7500 kg und ein Eigengewicht von 4650 kg

JOHN DEERE
6010er-Serie

Ab 1997 ersetzte die neue 6010er-Baureihe die bis dahin produzierten Schlepper der 6000er-Serie. Am äußeren Erscheinungsbild fiel auf den ersten Blick keine Neuerung auf. Lediglich der Schriftzug war verändert worden. Aber die 6010er-Traktoren boten handfeste Neu- und Weiterentwicklungen, in die viel Ingenieursarbeit eingeflossen war. Alle acht neuen Schlepper, davon vier Vierzylinder- und vier Sechszylinder-Schlepper, waren mit dem neuen PowerTech-Motor versehen. Die Leistungen der Schlepper hatten sich im Gegensatz zu den Vorgängern gesteigert. Um den neuen Abgasgesetzen Genüge zu tun, die in Amerika bereits in Kraft getreten waren, entschied sich John Deere, nicht die vorhandenen Triebwerke anzupassen, stattdessen entwickelten die Motorkonstrukteure eine vollständig neue Generation mit Änderungen im Brennraum, veränderter Kühlwasserzuführung sowie Einsspritzung. Das Resultat waren die neuen Motoren, die nach Angaben des Mannheimer Unternehmens ihren Vorgängern im Leistungsverhalten, Drehmomentanstieg, Konstantleistung und Überleistung in nichts nachstünden und dennoch die neuen Abgasvorschriften voll und ganz erfüllten. Als Getriebevarianten

John Deere 6110 SE im Maiseinsatz

bot das Mannheimer Unternehmen hier das neue PowrQuad Plus (ab 100 PS) und AutoQuad. Per Einhebelbedienung schaltete der Fahrer sowohl auf der Straße als auch auf dem Feld sicher und schnell. Das AutoQuad-Getriebe bot zudem eine Geschwindigkeits- und Schaltautomatik. In der Kabine legte John Deere bei der neuen Generation von Schleppern weiterhin Wert auf Komfort. Die Optik hatte sich verändert und mehr Ablageflächen wurden bedacht. Zudem war optional ein gefederter Beifahrersitz erhältlich. Eine weitere, wesentliche Neuerung war die stärkere, gefederte Vorderachse, die ebenfalls von John Deere konstruiert wurde. Die „TLS"-Allradachse aus Mannheim war nicht mehr von der Kabine aus abschaltbar, sondern immer am federn, ob bei schweren Frontladerarbeiten oder beim Ballenräumen. John Deere bot die neue TLS-Achse ab Dezember 1997 für die Sechszylinder-Typen an und ab Frühjahr 1998 für die beiden größeren Vierzylinder-Schlepper der 6010er-Serie. Für den kommunalen Bereich lieferte Mannheim ebenfalls ab 1998 Traktoren der 6010er-Serie aus. Die Kommunen konnten zwischen den verschiedenen Leistungsklassen der neuen Serie wählen. Die Typen JD 6410, JD 6510 und JD 6610 dienten als Basisschlepper für die Firma Kotschenreuther aus Neufang/Steinwiesen. Das Unternehmen rüstete dort die Schlepper mit diversen Komponenten für den Einsatz im Forst aus und verkauft sie unter dem Namen Kotschenreuther Forsttraktoren an den Endkunden.

John Deere 6110

Als zunächst kleinstes Modell der 6010er-Reihe brachte John Deere 1997 den John Deere 6110. Der Vierzylinder-Schlepper erbrachte eine Leistung von 80 Pferdestärken, die er aus einem Viertakt-Turbo-Diesel-Motor bezog. Der Hubraum des Schleppers lag bei 4530 cm³. Standardmäßig wurde der John Deere 6110 mit dem PowrQuad 16/16 geliefert. Auf Wunsch waren aber auch andere Varianten wie das 24/24 oder 12/12 mit Kriechgang möglich. Wie bereits erwähnt, profitierte auch dieser Schlepper bereits von der neuen Technik aus Mannheim. Viele weitere Neuerungen wie handfreundliche Türgriffe, eine neue Anordnung der Schalter in der Kabine und ein neuer Drehzahlmesser

Ohne viel Ausstattung, aber die Technik der „Großen“: JD 6110 SE

mit elektrischem Schrittmotor sorgten für weiteren Komfort für den Fahrer. Der John Deere 6110 besaß ein Leergewicht von 4017 kg und eine Höhe von 2643 mm. Der Radstand betrug 2400 mm. Der John Deere 6110 wurde seitens des Mannheimer Unternehmens später noch als SE-Version angeboten. Die preisgünstigere Alternative besaß die bewährte Technik, war aber als abgespeckte Version auf die Bedürfnisse kleinerer Betriebe ausgelegt.

John Deere 6210

Bei gleich gebliebenem Hubraum leistete der John Deere 6210 90 PS. Der Vierzylinder-Schlepper konnte mit einer großen Auswahl an Zapfwellenvarianten für unterschiedliche Front- und Heckarbeitsgeräte ausgerüstet werden. Die Zapfwelle 540 war bei dem Modell standardmäßig verbaut, während die Zapfwellen 540/1000 U/min und 540/540E/1000 optional möglich

John Deere 6210 in der SE-Version mit Frontgewicht

John Deere 6210 mit Stoll-Frontlader im Einsatz

Mit 100 PS Leistung im Grünlandeinsatz: John Deere 6310

Ein schönes Gespann: JD 6310 und JD 575 Presse

waren. Die Getriebeausstattung war identisch mit dem kleineren Modell John Deere 6110, ebenso der Wenderadius von 4,41 m und das Tankvolumen von 165 l. Der John Deere 6210 besaß ein Eigengewicht von 4147 kg und ein zulässiges Gesamtgewicht von 7000 kg. Die Nutzlast wurde mit 2983 kg angegeben. Optional stand für diesen Schlepper ab Werk der JD Frontlader 640 A zur Verfügung, der eine maximale Hubhöhe von 3608 mm besaß und eine durchgehende Hubkraft von 1610 kg aufwies.

John Deere 6310

Mit einem Turbo-Diesel-Motor und einer Leistung von 100 PS lieferte Mannheim 1997 den John Deere 6310 aus. Wie bereits im Einspann erwähnt, konnte der Kunde hier auf Wunsch das PowrQuad Plus-Getriebe und das AutoQuad wählen. Die beiden Getriebevarianten boten zum Lastschalten der vier Stufen in einem Gang Einhebelbedienung mit Drucktastensteuerung. Die Gänge waren vollsynchronisiert. Die neue, automatische Ganganpassung wählte nach jedem Gangwechsel die richtige Lastschaltstufe. Mit diesen beiden neuen Getrieben wurde serienmäßig auch der PowerReversierhebel zum Schalten auf der linken Seite in der Kabine verbaut. Dank seiner Neutralstellung konnte die Fahrtrichtung nun geändert werden ohne zu kuppeln. Das war zum Beispiel ein großer Vorteil bei Frontladerarbeiten mit dem 6110. Ein weiterer, effizienter Vorteil des AutoQuad-Pakets war der Tempomat, der die vorgewählte Motordrehzahl und damit die Zapfwellendrehzahl und Arbeitsgeschwindigkeit konstant hielt. Das Drehmoment passte sich dabei ohne Verzögerung den wechselnden Belastungen an. Somit war der Schlepper auf dem Feld wie auf der Straße bestens gerüstet. Der John Deere 6310, der sich ideal für mittlere und Großbetriebe eignete, wurde mit der Bereifung 13.6 R 28 vorne und 16.9 R 38 hinten geliefert. Sein zulässiges Gesamtgewicht betrug 8000 kg bei einem Eigengewicht von 4167 kg.

John Deere 6410

Als stärksten Vierzylinder-Schlepper der 6010er-Reihe fügte John Deere den 6410 in die neue Produktpalette ein. 105 PS und

John Deere 6310 bei der Silage im Paderborner Land

ein Hubraum von 4530 cm^3 sorgten für gute Leistungsreserven. Wie auch bei den anderen Schleppern war äußerlich die Veränderung der Schlepper kaum zu erkennen. Die teuerste Neuerung war bei der 6010er-Reihe definitiv der Motor, der gleichbleibende Leistungswerte trotz Einhaltung der Abgasnorm zeigte. Auf Wunsch verbaute John Deere im 6110 die bereits bekannte TLS-Achse. Sie arbeitete nicht mit Quer- oder Längsschwinge. Hier stützten zwei senkrechte Hydraulikzylinder die Vorderachse vorne am Rahmen. Den zweiten Anlenkpunkt bildete der Längslenker um den zentralen Antrieb. Dieser leitete die Zugkraft der Vorderachse in die Traktormitte. Der permanente Allradantrieb brachte dem 6410 aber keinerlei Nachteile, denn selbst bei schnellen Arbeiten wie Mähen oder Saatbeetbereitung wirkte sich die Vorderachsfederung positiv aus und auch der bessere Kontakt zum Boden durch die Federung verhinderte ein Aufschaukeln des Schleppers. Ab Werk kostete die TLS-Achse für den John Deere 6410 etwa 5800 DM. Dazu kamen weitere Optionen, wie das PowrQuad Plus-Getriebe mit 770 DM und das AutoQuad mit 2000 DM. Die Füllmengen für Kraftstoff,

Im Hopfen zu Hause: John Deere 6310 N mit spitz zulaufender Kabine, damit keine Hopfenblüten beschädigt werden

Ein eher seltenes Bild bietet dieser John Deere 6310 N, die Hopfenversion

Getriebe, Kühlflüssigkeit und Motoröl lagen bei 185 l, 53 l, 13,5 l und 12 l. Die Abmessungen des Schleppers betrugen 2718 mm Gesamthöhe und 4575 mm Gesamtlänge, die Nutzlast wurde mit 3833 kg angegeben und das Eigengewicht mit 4277 kg. Auch zum JD 6410 lieferte das Unternehmen aus Mannheim 1999 die preisgünstigere Variante, den 6410 SE. Im Jahr 2003 beendete John Deere die Produktion des Schleppers.

John Deere 6510

Als ersten Sechzylinder-Schlepper der 6010er-Reihe lief in Mannheim der John Deere 6510 vom Band. Der Schlepper leistete 105 PS bei 2300 U/min. Der Hubraum wurde mit 6788 cm^3 angegeben. Verschiedene Getriebevarianten wie 16/16, 24/24 und 12/12 Kriechgang wurden auf Wunsch geliefert. Standardmäßig verbaute John Deere das 16V/16R mit 30-km/h-Gang und Steuergeräte mit den Funktionen Neutral, Heben, Senken und Schwimmstellung. Hier sind aber neben dem „Standard" auf Wunsch auch zwei weitere Varianten wie Deluxe (Neutral, Heben und Senken, Schwimmstellung, Durchflussregelung, Dauerarretierung, Rückschlagventil) und Super-Deluxe (Neutral, Heben und Senken, Schwimmstellung, temperaturabhängige Durchflussregelung, Dauerarretierung, Rückschlagventil, automatische Rückstellung) möglich. Das druck- und mengengesteuerte Hydrauliksystem des 6510 besaß eine Pumpenförderungsleistung von 60 l/min. Die neuen Power-Bremsen reagierten durch das Hydrauliksystem sofort und eine geringe Pedalkraft durch den Fahrer reichte für den sicheren Bremsvorgang aus. Als Bereifung wählte John Deere für den 6510 vorne 14.9 R 28 und hinten 18.4 R 38. Optionale Ausstattungen standen auch für diesen Schlepper zur Verfügung. Dabei ließen Möglichkeiten wie verschiedene Auspuffvarianten (Eckpfosten oder Seite), die Hitch-Kupplung, vier Arbeitsscheinwerfer im Dach oder der drehbare Sitz bei dem Schlepper keine Wünsche offen.

John Deere 6610

Mit dem John Deere 6610 erweiterte das Mannheimer Unternehmen die Sechszylinder-Reihe nach oben. Der Viertakt

Der John Deere 6510 leistet als Sechszylinder 105 PS

John Deere 6510 mit Säkombination

Mit 115 PS auf dem Acker daheim: John Deere 6610

Mit Pflegebereifung unterwegs: JD 6610, der eine Hubkraft von 1926 kg besitzt

Turbo-Diesel-Motor leistete nun 115 PS bei gleichem Hubraum. In der Standardversion war der Schlepper 2808 mm hoch, 4527 mm lang und der Radstand betrug 2650 mm. Das Eigengewicht wurde mit 4717 kg und das zulässige Gesamtgewicht mit 8500 kg angegeben. Weiterhin stand auch für diesen Schlepper die neue TLS-Allradachse mit gefederter Dreilenkeraufhängung zur Verfügung, gehörte aber nicht zur Grundausstattung des Schleppers. Für die 6010er-Reihe bot John Deere den Frontlader 740 A an. Er besaß eine Hubkraft von 1926 kg und eine maximale Hubhöhe von 4333 mm. Das Gewicht des Frontkrafthebers betrug dabei 1009 kg. Mit einem Kraftstoffvolumen von 207 l war der Schlepper für effektives Arbeiten auf dem Feld gut gerüstet. Weitere Ausstattungen wie hydraulische Scheibenbremsen, Zapfwellenausstattung und Getriebevarianten waren mit dem kleineren Modell identisch. Wie alle Schlepper der Serie zeigte sich auch der John Deere 6610 besonders wartungsfreundlich. Für Inspektionen konnte die Fahrerkabine seitlich weggeklappt werden, der Kühlergrill war leicht zu entfernen und die beiden Wartungsklappen rechts und links an der Haube boten schnellen Zugang zu Motor, Kraftstofffilter und vielem mehr. Aber auch der Serviceintervall war bei den Schleppern lang. Das Motorenöl musste alle 250 Stunden und das Getriebe- und Hydrauliköl alle 1500 Stunden gewechselt werden. Aber auch Bremsen und Kupplungen waren wartungsfrei.

John Deere 6610 SE im Einsatz mit einem gezogenen Kuhn-Scheibenmähwerk

John Deere 6810

Die erfolgreiche 6010er-Reihe wurde im Jahr 1997 mit einem weiteren Modell nach oben ergänzt. Der John Deere 6810 war wahlweise mit 30-km/h- oder 40-km/h-Gang und mit den bereits bekannten Getriebevarianten erhältlich. Mit einem Leergewicht von 5169 kg und einer Nutzlast von 4831 kg war der Schlepper die ideale

Ein John Deere 6610 SE, deutlich erkennbar am Auspuff auf der linken Haubenseite

John Deere 6610 beim Wenden

Wahl für größere landwirtschaftliche Betriebe. Mit dem Hubraum von 6788 cm^3 versprach der JD 6810 keinerlei Leistungseinbußen. 125 PS Leistung ließen den Schlepper mühelos schwere Lasten und Arbeitsgerätekombinationen bewältigen. Zu einer der beliebtesten Wahlausrüstungen für die Schlepper dieser Serie gehörte HMS. Das Hubwerks-Management-System bewirkte eine enorme Zeiteinsparung bei Wendemanövern am Vorgewende. Es sorgte automatisch für die Ein- und Ausschaltung beliebiger Kombinationen von Allradantrieb, Differentialsperre und Zapfwelle. Die elektronische Hubwerksregelung wurde mit einem Wippschalter betätigt und sorgte für eine maximale Hubhöhe, Arbeitstiefe, Absenkgeschwindigkeit, Zugkraft und Lageregelung. Ab 1999 bot Mannheim für den JD 6810 optional ein Power-Shift-Getriebe. Die 18 Vorwärts- und sieben Rückwärtsgänge wurden mit nur einem Hebel durchgeschaltet und das Kuppeln entfiel.

John Deere 6910

Für höchste Leistung und Effektivität stand das Flaggschiff der 6010er-Reihe, der John Deere 6910, mit einer Leistung von 135 PS bei 2100 U/min. Der bei den Kunden äußerst beliebte Schlepper wurde ebenfalls ab 1997 produziert und stellte für große landwirtschaftliche Betriebe und Lohnunternehmen die perfekte Wahl dar. Der robuste Allradantrieb besaß eine überragende Durchzugsleistung. Der Lenkwinkel von

John Deere 6810 mit 125 PS Leistung bei der Maisaussaat

John Deere 6810 beim Abfahren von Mais

John Deere 6810 mit Ringelwalze, Kreiselegge und Sämaschine

John Deere 6810 bei der Kartoffelernte

John Deere 6810 mit einem Hubraum von 6788 cm^3. Als Standardbereifung lieferte John Deere 16.9 R 28 vorne und 20.8 R 38 hinten

52 Grad mit einem 12-Grad-Nachlaufwinkel erlaubte enge Wendemanöver, selbst bei großer Bereifung. Der Wenderadius des Schleppers lag bei 5,12 m und mit dem neuen TLS zeigte sich der 6910 noch produktiver. Als Getriebevarianten waren hier das PowrQuad (Standard 16/16 mit 30 km/h oder optional 20/20 mit 40 km/h), das PowrQuad Plus (20V/20R) und das AutoQuad (20V/R20 mit 40 km/h) lieferbar. Das Kriechganggetriebe war bei allen Varianten ebenfalls optional erhältlich. Ab 1999 erfuhr der John Deere 6910 seitens der Konstrukteure in Mannheim eine Leistungssteigerung auf 140 PS.

Ab Frühjahr 2001 brachte das Unternehmen aus Mannheim auf Basis der 6010er-Traktoren das stufenlose Getriebe AutoPowr. Zunächst wurden die Traktoren 6410, 6610, 6810 und 6910 auf Wunsch mit dem neuen ZF-Getriebe geliefert, welches auch im Deutz Agrotron TTV verwendet wurde. Allerdings wurden für John Deere spezielle Änderungen am Gehäuse

Mit Frontgewicht und Strautmann-Ladewagen im Einsatz: JD 6910

John Deere 6910

und den Lamellenkupplungen vorgenommen. Das stufenlose Fahren wurde durch mechanisch-hydrostatische Leistungsverzweigung möglich. Nach diesem Grundprinzip arbeiteten seinerzeit alle stufenlosen Getriebe auf dem Markt. 2002 verbaute John Deere das ZF-Getriebe optional auch im JD 6910 S. 2003 ersetzte das Unternehmen die bis dahin äußerst erfolgreiche 6010er-Baureihe durch die neuen Traktoren der John Deere 6020er-Serie.

Schlepperzulassungen 2001

Fabrikat	Stück 2001	Anteil 2001	Stück 2000	Anteil 2000	Veränderung 2001 zu 2000 Stück %-Punkte
John Deere	5189	20,9%	5360	20,6%	-171/+0,3
Fendt	4870	19,6%	5313	20,5%	-443/-0,9
Case IH/Steyr	3167	12,8%	3389	13,1%	-222/-0,3
Deutz-Fahr	1921	7,7%	1895	7,3%	-6/+0,4
New Holland	1818	7,3%	1912	7,4%	-94/-0,1
MF	1043	4,2%	1178	4,5%	-135/-0,3
Same	723	2,9%	763	2,9%	-40/+/-0,0
Mercedes	588	2,4%	602	2,3%	-14/+0,1
Valtra	485	2,0%	441	1,7%	+44/+0,3

John Deere Notizen 2002

Am 23. April 2002 wird der 1 250 000ste Schlepper im Werk Mannheim gefertigt. Das Unternehmen John Deere kann im zweiten Quartal des Geschäftsjahres einen Überschuss von 141,8 Millionen US Dollar, rund 11 Prozent mehr als im Vorjahreszeitraum, verbuchen. Der Umsatz steigt weltweit um etwa 5 Prozent auf 3,8 Milliarden US Dollar. Die Umsatzzuwächse sind vor allem auf das Landmaschinengeschäft außerhalb der USA zurückzuführen (plus 12 Prozent). Besonders für Europa meldet John Deere im Landmaschinensektor ein Umsatzplus von rund 6 Prozent (173 Millionen US-Dollar).

Auf dem Maissilo im Einsatz: John Deere 6910 S-Version mit einer nochmals gesteigerten Leistung von 150 PS

Im Winterdienst: John Deere 6910

John Deere 6910 S mit Viehanhänger

Das Flaggschiff der 6010er-Reihe, der 6910, erbringt eine Leistung von 135 PS

Mit Frontlader gut ausgerüstet: John Deere 6910

JD 6910 beim Mistfahren

Mit einem Grenadier-Böschungsmäher ausgerüstet: John Deere 6910

John Deere 6910

In Grundausstattung im Einsatz: John Deere 6910

JOHN DEERE
6020er-Serie

Im Jahr 2003 startete die Produktion der zweiten Generation der erfolgreichen 6000er-Serie in Mannheim. Das Unternehmen produzierte gleich fünf Vierzylinder- und vier neue Sechszylinder-Schlepper. Die Traktoren bewegten sich im Leistungssegment von 75 bis 160 PS. Schlagwörter für die neue Traktorenreihe sind CommandArm, modernste Motorentechnologie, hydropneumatische Kabinenfederung HCS und das innovative AutoPowr-Getriebe von ZF, welches bereits in einigen Schleppern der 6010er-Serie auf Wunsch verbaut worden war. Die CommandArm-Bedienung erfüllte alle wichtigen Funktionen an einem Punkt. Die Getriebesteuerung, das Handgas, bis zu vier Steuergeräte, die Bedienung der Front- und Heckzapfwelle sowie die Dreipunkt-Hydraulik waren in die Armlehne des Sitzes integriert. Mit geringem Kraftaufwand konnten mit Schaltern und Hebeln Einstellungen getätigt werden. Bis zu zehn Funktionen waren ohne Umgreifen möglich. Das HCS-Federungssystem, welches ab dem Modell JD 6320 verfügbar war, bot Komfort auf der Straße wie im Feld. Ohne auf die Wartungsfreundlichkeit mit der um 90 Grad kippbaren Kabine verzichten zu müssen, besaß das neue System einen 100-mm-Federweg, dazu garantierten mit Stickstoff gefüllte Gegendruckakkumulatoren ein sanftes Einfedern der Hydraulikzylinder. Bodenunebenheiten wie auch harte Stöße wurden vom HCS-System weggefiltert. Die neue Generation der 4,5-l-PowerTech-Motoren überzeugte bei jedem Einsatz. John Deere hatte hier ein völlig neues Einspritzsystem umgesetzt, welches für ein hohes Anfahrdrehmoment, einen großen Konstantleistungsbereich und für überlegene Leistungen an der Zapfwelle sorgte. Die Traktoren 6320, 6420 und 6420 S wurden mit einem Ladeluftkühler ausgerüstet. Dieser sorgte für die Kühlung der Verbrennungsluft und ermöglichte damit einen höheren Wirkungsgrad des eingespritzten Kraftstoffs. Die neue Traktorenserie bot aber noch einiges mehr. John Deere produzierte die Schlepper der neuen Baureihe in verschiedenen Ausstattungen. Der Kunde konnte seinerzeit zwischen Premium- und Premium Plus-Modellen wählen. Alternativ wurden für kleinere landwirtschaftliche Betriebe aber auch die bereits bekannten SE-Modelle zu attraktiven Preisen produziert. Zu den SE-Traktoren der neuen Serie in Mannheim gehörten der 6020, der 6120, der 6220, der 6320, der 6420, der 6520 und der 6620. Als Premium Plus-Modell lieferte John Deere die Vierzylinder-Schlepper 6320 und 6420. Die Sechszylinder-Modelle der neuen Baureihe waren allesamt in der Premium Plus-Version erhältlich. Das äußerliche Erscheinungsbild der Schlepper wurde ebenfalls verändert. Eine rundere Motorhaube und das neue abgerundete Kabinendach mit optional erhältlichem Xenon-Lichtpaket ließen die Traktoren von nun an in einem moderneren Design erscheinen.

John Deere 6020 SE

Der John Deere 6020 SE wurde, wie schon oben erwähnt, als preisgünstiger Schlepper mit weniger elektronischen Funktionen in der Kabine, aber gleichen technischen Ausstattungen geliefert. Der Fahrer machte hier keine Einbußen, wenn es um die bekannte Technik wie Motor, Zapfwelle, Hydraulik und so weiter ging. Der John Deere 6020 SE besaß eine Leistung von 75 PS, die er aus einem Vierzylinder-Turbo-Motor bezog. Er wurde standardmäßig mit dem SynchroPlus-12/4-Getriebe oder wahlweise mit Reverser 16/6 angeboten. Die Höchstgeschwindigkeit des Schleppers betrug optional 40 km/h. Der Schlepper eignete sich bestens für kleine und mittlere Betriebe. Aufgrund des Preis-Leistungsverhältnisses des Schleppers und dem damit verbundenen Erfolg bot Mannheim bekannterweise die SE-Version künftig auch bei den leistungsstärkeren Schleppern der 6020er-Reihe an.

John Deere 6120

Als kleinsten Vierzylinder der 6020er-Serie brachte das Unternehmen aus Mannheim den 6120 auf den Markt. Der Schlepper besaß eine Leistung von 80 PS bei 2300 U/min und einen Hubraum von 4530 cm^3. Als Getriebe verwendete John Deere hier das 24/24 PowrQuad von 1,6 bis 40 km/h. Der Schlepper war mit einem 165-l-Kraftstofftank ausgerüstet. Der John Deere 6120 besaß ein Eigengewicht von 4350 kg und ein zulässiges Gesamtgewicht von 7000 kg. Als Bereifung wurde ab Werk vorne 13.6 R 24 und hinten 16.9 R 34 montiert. Hier waren auf Wunsch aber auch weitere Varianten verfügbar. Der bewährte, durchgehende Brückenstahlrahmen wurde bei allen Modellen beibehalten. Zahlreiche Zusatzoptionen wie das durchgehende Hubdach, der gefederte Beifahrersitz oder die John Deere Hitch zum sicheren Ankoppeln von Geräten waren auch bei diesem Schlepper möglich. Produziert wurde der John Deere 6120 von 2003 bis 2006.

John Deere 6220

Mit einem John Deere Vierzylinder-Viertakt-Diesel mit Abgasturbolader war der John Deere 6220 ausgerüstet. Der Schlepper besaß bei gleichem Hubraum eine Leistung von 90 PS bei 2300 U/min. Bei den Ausstattungsvarianten blieben bei diesem Schlepper keine Wünsche offen. Der Kunde konnte hier zwischen der Premium- oder SE-Ausführung wählen. Die preisgünstigere Variante SE war serienmäßig mit dem PowerReversier-Getriebe 16/16 ausgerüstet, wobei auf Wunsch auch das PowrQuad möglich war. Die Premium-Version wiederum bot das PowrQuad Plus mit 24/24 auf Wunsch mit Kriechgang. Insgesamt beinhaltete die Premium-Ausführung bereits ein Plus an Ausstattung. Der sparsame Motor und die hydraulische Kabinenfederung HSC waren nur zwei schlagkräftige Argumente des Schleppers. Auf Wunsch lieferte John Deere den 6220 mit dem JD Frontlader 551. Das Unternehmen hatte das Rahmenbaukonzept bei der 6020er-Serie noch einmal optimiert. Die Gewichtsverteilung, die Lenkung und die Tragfähigkeit wurden verbessert. Im Rahmen integrierte Befestigungspunkte sorgten für das erleichterte An- und Abbauen von Fronthydraulik oder Frontlader. Beim 6220 war eine maximale Zuladung von 3400 kg vorne und 5600 kg hinten möglich. Das zulässige Gesamtgewicht blieb, wie schon beim kleineren Modell 6120, mit 7000 kg identisch.

John Deere 6320

Der John Deere 6320, der ebenfalls ab 2003 in Mannheim vom Band lief, ließ bei den Kunden mit den verschiedensten Bedürfnissen keine Wünsche offen. Das Unternehmen produzierte den Schlepper in den bereits bekannten Ausstattungsvarianten SE und Premium. Für höchste Ansprüche lieferte John Deere hier erstmals die Premium Plus-Version. Der 100 PS starke Schlepper, der mit einem Turbo-Motor mit Ladeluftkühlung ausgerüstet war, wurde als Premium Plus serienmäßig mit dem AutoPowr-Getriebe, dem Command-Arm, Kabinenfederung und elektronischen Steuergeräten geliefert. Wünschte der Kunde einen Frontlader, so lieferte das Unternehmen für den 6320 den John Deere FL 631, der an die serienmäßige Anbaukonsole montiert wurde. Mit Frontlader war für den Einsatz ein Zusatzballast von 900 kg notwendig. Bei Frontladerarbeiten stand dem Fahrer dann eine maximale Hubkraft von 59 kN zur Verfügung. Der John Deere 6320 besaß ein Leergewicht von 4540 kg und das zulässige Gesamtgewicht lag bei 8200 kg. Die Spurweite betrug vorne 1584/2014 und hinten 1612/1916.

Der John Deere 6120 in Grundausstattung, produziert als kleinster Vierzylinder-Schlepper der Baureihe

Als Bereifung wählte das Unternehmen aus Mannheim standardmäßig 14.9 R 24 vorne und 16.9 R 38 hinten. Während die Produktion des 6320 Premium und Premium Plus 2006 beendet wurde, lief die preisgünstigere SE-Version weiterhin vom Band.

John Deere 6420

Der leistungsstärkste Vierzylinder-Schlepper der 6020er-Serie war der John Deere 6420. Er war seinerzeit als Premium-Modell für 57 000 DM netto erhältlich. Für weitere 2000 DM Aufpreis bot das Unternehmen aus Mannheim den 6420 S, der nach Herstellerangaben in dieser leistungsstärkeren Version 120 PS anbieten konnte. Die Mehrleistung erbrachte der 6420 S ausschließlich im oberen Drehbereich des Motors. Somit war der Schlepper besonders interessant für Kunden, die viel Straßenfahrten und Arbeiten mit schwerem Gerät ausführen mussten. Für den stufenlosen John Deere in der Premium Plus-Version lag der Preis bei etwa 67 000 DM netto. Die Leistung des Premium und Premium Plus wurde mit 110 PS angegeben. Die Pferdestärken bezog der 6420 (Premium/Premium Plus/SE) aus einem Vierzylinder-Turbo-Motor mit Ladeluftkühlung. Auch für den John Deere 6420 standen verschiedene Getriebevarianten zur Wahl. Das Premium-Modell wurde serienmäßig mit dem PowrQuad Plus 16/16 ausgerüstet, auf Wunsch mit Kriechgang 12/12. Für den Fahrkomfort sorgte hier die hydraulische Kabinenfederung HSC. Das Premium Plus-Modell wurde serienmäßig mit dem neuen, stufenlosen AutoPowr versehen. Hier stand serienmäßig Kabinenfederung und CommandArm, die Bedieneinheit, im Vordergrund. Die S-Version beinhaltete das AutoQuad II mit 24/24 Gängen und die preisgünstigere SE-Ausführung, die John Deere auch bei diesem Modell anbot, war standardmäßig mit dem SynchroPlus 12/4 ausgestattet. Der 6420 besaß ein Leergewicht von 4750 kg und ein zulässiges Gesamtgewicht von 8200 kg. Mit Allrad besaß der Schlepper einen Wendekreis von 9800 mm. Die Höchstgeschwindigkeit lag, je nach Getriebe, bei 40 bis 50 km/h. Die Produktion des 6420 verlief von 2003 bis 2006, lediglich der Bau der SE-Variante wurde in Mannheim fortgesetzt.

John Deere 6320 mit Baas-Frontlader

John Deere 6320 mit Stoll-Frontlader und Fronthydraulik bei der Einsaat mit Kreiselegge und Amazone-Sämaschine

Mit 100 PS in der Maisernte: JD 6320

JD 6320 mit Frontzapfwelle und Fronthydraulik hat den Wagen vollgeladen

Dieser JD 6320 ist hier mit dem Frontlader 651 ausgerüstet

Mit Bergmann-Ladewagen ist dieser 6320 unterwegs

John Deere 6520

Für große landwirtschaftliche Betriebe und Lohnunternehmen liefen ab 2003 auch die Sechszylinder-Schlepper der 6020er-Reihe vom Band. Der „Kleinste" dieser Bauserie war der John Deere 6520. Er war mit einem Viertakt-Turbo-Motor mit Ladeluftkühlung ausgestattet und bot 110 PS bei 2300 U/min. Der Motor besaß eine Bohrung von 106,5 mm und einen Hub von 127 mm. Der Hubraum betrug 6788 cm^3. Besonders die Wartungsfreundlichkeit war bei den Schleppern der 6020er-Reihe von Bedeutung. Um den Motor, den Kühler und die Luftfilter zu erreichen, wurde die Motorhaube senkrecht aufgestellt. Für die bessere Handhabung sorgten hier Gasdruckzylinder. Der durchsichtige Kühlmittelbehälter erlaubte einen schnellen Blick auf den Kühlmittelstand. Der Motorölwechsel war nur alle 500 Stunden fällig. Die Kabine konnte bei Bedarf weiterhin zur Seite weggeklappt werden. Aufgrund der steigenden Ansprüche verbaute auch das

Sicherlich kein alltägliches Bild bietet dieser John Deere 6420 S in der Hopfenvariante. Seine Leistung beträgt in der S-Version 120 PS

Mit JD-Presse in Bayern unterwegs: John Deere 6420 mit 110 PS

In der preisgünstigeren SE-Ausführung mit Güllefass: John Deere 6620

Unternehmen aus Mannheim immer mehr elektronische Geräte in den Schleppern. Um mit den Datenmengen der Anwendungen zurechtzukommen, lieferte John Deere für den JD 6520 ein leistungsfähiges System zur Informations- und Datenverarbeitung, das CAN-BUS, welches serienmäßig in allen Schleppern verbaut wurde. In der elektronischen Steuereinheit liefen alle Informationen zusammen. Die ECU bewirkte so einen reibungslosen Ablauf sämtlicher Arbeitsschritte. Mit einem zulässigen Gesamtgewicht von 8500 kg besaß der JD 6520 eine Nutzlast von 3420 kg. Die Bodenfreiheit betrug 520 mm und der Radstand 2650 mm.

John Deere 6620

Mit dem John Deere 6620 erweiterte das Unternehmen die 6020er-Baureihe nach oben. Der Schlepper besaß einen Sechszylinder-Viertakt-Diesel mit Ladeluftkühler, der eine Leistung von 125 PS erbrachte. Bei gleich gebliebenem Hubraum besaß der Motor ein Drehmoment von 535 Nm und einen Drehmomentanstieg von 40 Prozent. Auch für diesen Schlepper standen verschiedenste Getriebevarianten zur Wahl. So konnte der Kunde sich zwischen dem PowrQuad Plus, dem AutoQuad II oder dem stufenlosen AutoPowr entscheiden. Für die Bedienung der Heckzapfwelle befanden sich auf beiden hinteren Kotflügeln Fernbedienungen. Für die nötige Sicherheit sorgten ölgekühlte, hydraulisch betätigte Scheibenbremsen (Servobremsen). Das druck- und mengengesteuerte Hydrauliksystem arbeitete mit einem Systemdruck von 200 bar. Die Kabine bot höchsten Komfort und einen geringen Geräuschpegel von 75 dB(A). Auch die TLS II-Achse sorgte für einen hohen Fahrkomfort und eignete sich optimal für schwere Frontlader- und Pflugarbeiten. Der John Deere 6620 wurde ebenfalls in den bekannten Versionen Premium, Premium Plus und SE geliefert.

Mit Hawe-Überladewagen im Paderborner Land: John Deere 6820

John Deere 6820 mit Pöttinger-Ladewagen. Das schwere Frontgewicht verhindert das „Steigen“ auf dem Silo

John Deere 6820 mit 135 PS Leistung

Mit Welger-Presse: John Deere 6820 mit Fronthydraulik

John Deere 6820

Der John Deere 6820 leistete 135 PS bei einem Drehmomentanstieg von 38 Prozent. Für den Kunden standen seinerzeit auch hier verschiedene Getriebevarianten zur Wahl. Das AutoQuad II-Getriebe war mit einem Tempomat ausgerüstet, der die vorgewählte Geschwindigkeit konstant hielt. Das PowrQuad Plus verfügte über eine Einhebelbedienung, mit der die vier Lastschaltstufen in einem Gang hoch und runter geschaltet werden konnten. Das AutoQuad II schaltete in Abhängigkeit von der Motordrehzahl unter Last die vier Lastschaltstufen automatisch hoch und runter. Die Geschwindigkeit wurde hier automatisch an die verschiedenen Arbeiten auf der Straße und dem Acker angepasst. Aber der John Deere 6820 bot noch mehr. Er besaß bei einem Nachlaufwinkel von 12 Grad und einem Lenkeinschlag von 52 Grad einen Wendradius von 4590 mm mit Lenkbremse. Der Kraftstofftank fasste 207 l (optional 250/325 l). Als Steuergeräte (einfach und doppelt wirkend) verbaute John Deere standardmäßig die Serie 100 mit den Funktionen Heben, Senken, Neutral und Schwimmstellung. Weiterhin war auf Wunsch die Serie 200 und 300 möglich, die unter anderem eine automatische Rückstellung und/oder ein Rückschlagventil beinhalteten. Bei der Premium Plus-Ausführung wurden serienmäßig elektronische Steuergeräte verbaut. Vielfältige Ausstattungsvarianten machten den 6820 seinerzeit zu einem beliebten Schlepper. 2006 endete die Produktion des 6820 in Mannheim. Die Produktion der SE-Version wurde vorerst, wie bei den anderen Schleppern dieser Baureihe, weitergeführt.

Mit Grimme-Kartoffelroder: John Deere 6920 S mit genügend Leistungsreserven

John Deere 6920

Als Flaggschiff der 6020er-Reihe produzierte John Deere ab 2003 den 6920, der die Serie vervollständigte. Der Sechszylinder-Motor erbrachte eine Leistung von 150 PS. Neben den bekannten Getriebe- und Ausstattungsvarianten besaß der Schlepper ein zulässiges Gesamtgewicht von 11000 kg und eine Nutzlast von 5120 kg. Mannheim bot den John Deere 6920 zeitgleich auch in der S-Version an. Die Drehmoment- und Leistungskurve war

Hier ein 9620 in der S-Version beim Maislegen, mit einer Leistung von 160 PS

Beim Maisabfahren: John Deere 6920 mit Fronthydraulik

Ein schönes Gespann: JD 6920 S mit John Deere-Presse

Mit Pöttinger-Mähwerk im Einsatz: John Deere 6920

John Deere 6920 mit 150 PS Leistung

bei diesem Schlepper so angepasst, dass unterschiedliche Einsatzzwecke abgedeckt wurden, ohne Kraftstoff zu vergeuden. Der Motor des Schleppers erzeugte zum Beispiel bei Zugarbeiten im Feld bis zu 160 PS. Bei Straßenfahrten, bei denen es auf Geschwindigkeit ankommt, erzeugte das Triebwerk sogar bis zu 166 PS. Damit eine lange und effektive Arbeitszeit gewährleistet war, stattete Mannheim den Schlepper mit einem 250-l-Kraftstofftank (Zusatztank optional mit 56/66 l) aus. Als Bereifung wählte man standardmäßig 16.9 R 28 vorne und 20.8 R 38 hinten. Der Wendekreis mit Allrad betrug bei dem JD 6920 11,36 m und die Höchstgeschwindigkeit 50 km/h. 2007 beendete John Deere Mannheim die Produktion der 6020er-Reihe und die dritte Generation der 6000er-Reihe eroberte den Markt.

Die Produktion der 6020er-Serie endete 2007

John Deere 6920 mit JD-Frontlader, mit gefederter Vorderachse

John Deere 6920, produziert ab 2003

Sehr geehrte Leserin, sehr geehrter Leser,

als kleinen Bonus möchte ich Ihnen an dieser Stelle die John Deere-Schlepper zeigen, die mir bei meinen Fototouren in Deutschland zufällig vor die Kamera gekommen sind, die aber nicht zu den in Mannheim gefertigten Schleppern in den genannten Baujahren von 1960 bis 2002 zählen. Die Flaggschiffe mit ihren Sechszylinder-Motoren hinterlassen stets einen bleibenden Eindruck beim Betrachter, da sie in Deutschland selten zu sehen sind. Freuen Sie sich auf die amerikanischen Boliden im Einsatz.

Ihr Oliver Aust

■ Von 1963 bis 1972 produzierte John Deere in Waterloo den 4020, der in Blockbauweise gefertigt wurde. Der Schlepper zählte zur 20er-Serie und leistete mit seinem Sechszylinder-Motor 100 PS. Er wurde damals als Allrad- und Hinterradversion geliefert. Besonders erwähnenswert ist, dass bei dem Schlepper drei verschiedene Kraftstoffvarianten möglich waren. Sicherlich war dabei die häufigste Wahl der Dieselmotor. Daneben gab es aber auch noch einen Benzin- oder LP-Gasmotor. Des Weiteren standen beim 4020 zwei Getriebevarianten zur Auswahl, das Synchro-Range mit 8V/2R und das PowerShift mit 8V/4R.

Der Schlepper hat zwar äußerlich etwas gelitten, aber läuft noch immer als Ackerschlepper auf einem großen Betrieb im Kreis Soest

Der John Deere 5020 wurde als Standardschlepper mit normaler Vorderachse etwa 7100 mal produziert. Für Landwirte mit Reinkulturen lieferte JD den 5020 als Pow-Crop-Version mit dicht zusammenstehenden Vorderrädern (etwa 8500 Einheiten)

Der sich hier im Einsatz befindliche 4240 S ist mit der genannten SG2-Kabine ausgerüstet und extrem gut bereift. Auch die Fronthydraulik und Frontzapfwelle gehörten bei diesem Schlepper nicht zur serienmäßigen Ausstattung

John Deere 4055, kleinster Schlepper der 55er-Reihe mit Fronthydraulik, Frontzapfwelle, Gewicht und SG2-Kabine beim Pflügen. Der Schlepper ist extrem gut bereift

■ 1965 brachtet das amerikanische Unternehmen John Deere den größten Standardschlepper seiner Zeit auf den Markt, den John Deere 5020. Er wurde in Waterloo gefertigt und als Nachfolger des JD 5010 produziert. Der in Halbrahmen-Bauweise gefertigte Schlepper gehörte zur bekannten 20er-Serie und besaß je nach Ausstattung ein Eigengewicht von 6580 kg bis 8900 kg. Die Bodenfreiheit lag bei 400 mm. Der wassergekühlte Viertakt-Sechszylinder-Saugmotor erbrachte eine Leistung von 140 PS bei 2800 U/min. Der Hubraum betrug dabei 8701 cm^3. John Deere rüstete den Schlepper mit einem 8/2-Getriebe aus, mit dem er eine Höchstgeschwindigkeit von 32 km/h erreichte. Als Bereifung wählte man 9,50-20 vorne und 18.4-38 hinten. Für die Arbeiten auf dem Feld standen dem JD 5020 Kraftstoffreserven von 257,4 l zur Verfügung. Der Schlepper, der 1965 als Flaggschiff galt, wurde ausschließlich in der Hinterradversion gebaut und kostete um die 15 000 US Dollar. 12 909 Exemplare verließen bis 1972 das Werk in Waterloo, Iowa.

■ Von 1981 bis 1986 produzierte das amerikanische Unternehmen den zur 40er-Baureihe gehörenden John Deere 4240 mit 128 PS. Die Leistung zog der Bolide aus einem Sechszylinder-Motor mit einem Hubraum von 7640 cm^3. Die S-Version dieses Schleppers war mit einer gesteigerten Leistung von 132 PS unterwegs. Der Schlepper wurde seitens John Deere ebenfalls als Hinter- und Allradschlepper angeboten. Serienmäßig lieferte das Unternehmen den Traktor seinerzeit als Allrad mit der Bereifung 14.9-28 vorne und 18.4-38 8PR hinten. Mit Kabine und dem genannten Antrieb brachte der Schlepper ein Gewicht von 6680 kg auf die Waage. Als Getriebe kam das bekannte Quad-Range mit 16V/6R zum Einsatz. Die Sound Cab-Kabine oder die SG2 wurden auf dem Schlepper verbaut.

■ Die 55er-Reihe beinhaltete insgesamt fünf Sechszylinder-Traktoren im Leistungssegment von 130 bis 230 PS. Zu diesen Schleppern zählten der JD 4055, der JD 4255, der JD 4455 und das Flaggschiff JD 4955. Bei der neuen 55er-Serie wurde die Turbinentechnik verbessert, die Effizienz erhöht und die Befüllung bei allen Drehzahlen und Lasten optimiert. Das Drehmo-

Dieser 4055 ist mit Frontgewicht und SG2 ausgerüstet. Der Sechszylinder-Turbo leistet 130 PS und besitzt einen Hubraum von 7,6 l. Das Eigengewicht beträgt 6890 kg. Als Standardbereifung lieferte John Deere hier 16.9 R 28 vorne und 20.8 R 38 hinten

John Deere 4055 bei der Herbstbestellung. Der Schlepper wurde bis 1992 produziert

mentverhalten profitierte entscheidend. Für die Kühlung der 7,6-l-Motoren war auch der temperaturgesteuerte Lüfterflügel EcoVen zuständig, der seine Drehzahl dem Kühlbereich automatisch anpasste. 1988 startete die Produktion dieser Baureihe bei John Deere in Amerika. Die beiden stärksten Schlepper der Baureihe unterschieden sich von den kleineren Modellen vor allem durch den Motor. Die beiden Flaggschiffe waren seitens des amerikanischen Unternehmens mit einem Turbolader und Ladeluftkühler ausgerüstet.

■ Der Bedarf nach immer größeren und stärkeren Schleppern wuchs. Mit dem John Deere 4755 und dem John Deere 4955, die ab 1988 produziert wurden, deckte das Unternehmen den Bereich in der oberen Leistungsklasse für den eigenen und die ausländischen Märkte ab. Die Leistung von 190 PS bei 2200 U/min bezog der John Deere 4755 aus einem John Deere Sechszylinder-Turbomotor mit dem bereits genannten Ladeluftkühler. Der Schlepper besaß ein zulässiges Gesamtgewicht von 12000 kg und ein Leergewicht von 7810 kg. Als Getriebe verbaute John Deere ein mechanisches, lastschaltbares Power-Shift mit 15 Vorwärts- und vier Rückwärtsgängen. Die Höchstgeschwindigkeit von 30 km/h blieb auch hier bestehen. Original befand sich der Auspuff der Schlepper in der Haube.

John Deere 4755 auf einem Oldtimertreffen, unter anderem beim Ziehen eines Baumstamms

4755
SO JD 4755

JOHN DEERE
4755

Bei der Feldarbeit: John Deere 4755 in der Grundausstattung

Dieser 4755 läuft in Ostdeutschland auf einem großen Betrieb

In einem guten Zustand und extrem dick bereift ist dieses Flaggschiff, der John Deere 4955, der „Größte" der 55er-Serie. Seine Leistung von 230 PS schöpft er aus einem 7,6-l-Motor

Weitere Bücher unseres Verlages

Fordern Sie unser Gesamtverzeichnis an, das wir Ihnen kostenlos und unverbindlich liefern mit Büchern über Autos, Motorräder, Lastwagen, Traktoren, Feuerwehrfahrzeuge, Baumaschinen und Lokomotiven:

Verlag Podszun Motorbücher GmbH
Elisabethstraße 23–25, 59929 Brilon
Telefon 02961-53213, Fax 02961-9639900
Email info@podszun-verlag.de
www.podszun-verlag.de

Der Unimog beim Holzrücken: Oft abenteuerlich und spektakulär, aber immer solide und stark! Mit unveröffentlichten Fotografien.

136 Seiten, 320 Abbildungen
28 x 21 cm, fester Einband
978-3-86133-830-7 EUR 24,90

Der Unimog bei der Bearbeitung von Wegen, Flächen, Wäldern, Bauten, Gräben und Wiesen. Mit unveröffentlichten Fotografien.

136 Seiten, 325 Abbildungen
28 x 21 cm, fester Einband
978-3-86133-856-7 EUR 24,90

Udo Bols zeigt und erklärt, welch wichtige Rolle die Pferde vor der Zeit der Traktoren in der Landwirtschaft spielten.

176 Seiten, 520 Abbildungen
28 x 21 cm, fester Einband
978-3-86133-590-0 EUR 29,90

Anhand ungewöhnlicher Einsatzfotos zeichnet Oliver Aust die traditionsreiche Geschichte der Deutz-Traktoren nach.

144 Seiten, 340 Abbildungen
28 x 21 cm, fester Einband
978-3-86133-346-3 EUR 24,90

Klaus Tietgens zeigt die Schlepper von Schlüter in ihrem vielfältigen Einsatz in der Landwirtschaft.

176 Seiten, 370 Abbildungen
28 x 21 cm, fester Einband
978-3-86133-380-7 EUR 29,90

Die Claas-Historie und alle Maschinen und Geräte im Einsatz: Mähdrescher, Häcksler, Traktoren u.a.

168 Seiten, 360 Abbildungen
28 x 21 cm, fester Einband
978-3-86133-387-6 EUR 24,90

Die gesamte Vielfalt des erfolgreichen Traktorenherstellers IHC/Case von Neuss am Rhein im Einsatz.

168 Seiten, 600 Abbildungen
28 x 21 cm, fester Einband
978-3-86133-614-3 EUR 29,90

Oliver Aust ist seit vielen Jahren in ganz Deutschland den beliebten und oft unverzichtbaren Eicher Traktoren auf der Spur.

144 Seiten, 360 Abbildungen
28 x 21 cm, fester Einband
978-3-86133-535-1 EUR 24,90

Von den Pferdefuhrwerken der Nachkriegszeit bis zu den Ernteverfahren der achtziger Jahre. Viele seltene Fotografien.

168 Seiten, 420 Abbildungen
28 x 21 cm, fester Einband
978-3-86133-645-7 EUR 29,90

Michael Bach erzählt, erläutert und illustriert die Geschichte dieser spannenden Epoche der Landtechnik.

128 Seiten, 290 Abbildungen
28 x 21 cm, fester Einband
978-3-86133-708-9 EUR 24,90

Entwicklung und Funktionsweise der Anbaugeräte sowie die Hersteller mit ihren wichtigsten Geräten in Wort und Bild.

180 Seiten, 490 Abbildungen
28 x 21 cm, fester Einband
978-3-86133-441-5 EUR 29,90

Die Entwicklung des Ladewagens von seiner Erfindung 1960 bis in die 1980er Jahre mit allen maßgeblichen Herstellern.

156 Seiten, 390 Abbildungen
28 x 21 cm, fester Einband
978-3-86133-709-6 EUR 29,90

Mechanisierung im Wein-, Obst- und Hopfenbau u.a. mit den Marken Allgaier, Bungartz, Deutz, Carraro, MAN, Steyr, Hieble …

128 Seiten, 330 Abbildungen
28 x 21 cm, fester Einband
978-3-86133-788-1 EUR 24,90